U0246935

高等院校应用型"十二五"艺术设计
教育系列规划教材

建筑装饰构造方法

主　编　霍长平　何彩霞　王　珏

副主编　江保锋

参　编　张　菲　孙成东

合肥工业大学出版社

图书在版编目（CIP）数据

建筑装饰构造方法/霍长平等主编.—合肥：合肥工业大学出版社，2014.7（2020.8重印）
ISBN 978-7-5650-1881-7

Ⅰ.建…　Ⅱ.霍…　Ⅲ.建筑装饰–建筑构造　Ⅳ.TU767

中国版本图书馆CIP数据核字（2014）第158119号

主　　编：霍长平　何彩霞　王　珏
责任编辑：王　磊　　封面设计：袁　媛
内文设计：尉欣欣　　技术编辑：程玉平
书　　名：高等院校应用型"十二五"艺术设计教育系列规划教材——建筑装饰构造方法

出　　版：合肥工业大学出版社
地　　址：合肥市屯溪路193号
邮　　编：230009
网　　址：www.hfutpress.com.cn
发　　行：全国新华书店
印　　刷：安徽联众印刷有限公司
开　　本：889mm×1194mm　1/16
印　　张：8.75
字　　数：245千字
版　　次：2014年7月第1版
印　　次：2020年8月第5次印刷
标准书号：ISBN 978-7-5650-1881-7
定　　价：58.00元
发行部电话：0551-62903188

序
PROLOG

目前艺术设计类教材的出版十分兴盛，任何一门课程如《平面构成》、《招贴设计》、《装饰色彩》等，都可以找到十个、二十个以上的版本。然而，常见的情形是许多教材虽然体例结构、目录秩序有所差异，但在内容上并无不同，只是排列组合略有区别，图例更是单调雷同。从写作文本的角度考察，大都分章分节平铺直叙，结构不外乎该门类知识的历史、分类、特征、要素，再加上名作分析、材料与技法表现等等，最后象征性地附上思考题，再配上插图。编得经典而独特，且真正可供操作、可应用于教学实施的却少之又少。于是，所谓教材实际上只是一种讲义，学习者的学习方式只能是一般性的阅读，从根本上缺乏真实能力与设计实务的训练方法。它表明教材建设需要从根本上加以改变。

从课程实践的角度出发，一本教材的着重点应落实在一个"教"字上，注重"教"与"讲"之间的差别，让教师可教，学生可学，尤其是可以自学。它必须成为一个可供操作的文本、能够实施的纲要，它还必须具有教学参考用书的性质。

实际上不少称得上经典的教材其篇幅都不长，如康定斯基的《点线面》，伊顿的《造型与形式》，托马斯·史密特的《建筑形式的逻辑概念》等，并非长篇大论，在删除了几乎所有的关于"概念"、"分类"、"特征"的絮语之后，所剩下的就只是个人的深刻体验，个人的课题设计，于是它们就体现出真正意义上的精华所在。而不少名家名师并没有编写过什么教材，他们只是以自己的经验作为传授的内容，以自己的风格来建构规律。

大多数国外院校的课程并无这种中国式的教材，教师上课可以开出一大堆参考书，却不编印讲义。然而他们的特点是"淡化教材，突出课题"，教师的看家本领是每上一门课都设计出一系列具有原创性的课题。围绕解题的办法，进行启发式的点拨，分析名家名作的构成，一次次地否定或肯定学生的草图，无休止地讨论各种想法。外教设计的课题充满意趣以及形式生成的可能性，一经公布即能激活学生去进行尝试与探究的欲望，如同一种引起活跃思维的兴奋剂。

因此，备课不只是收集资料去编写讲义，重中之重是对课程进行设计有意义的课题，是对作业进行编排。于是，较为理想的教材的结构，可以以系列课题为主，其线索以作业编排为秩序。如包豪斯第一任基础课程的主持人伊顿在教材《设计与形态》中，避开了对一般知识的系统叙述，而是着重对他的课题与教学方法进行了阐释，如"明暗关系"、"色彩理论"、"材质和肌理的研究"、"形态的理论认识和实践"、"节奏"等。

每一个课题都具有丰富的文件，具有理论叙述与知识点介绍、资源与内容、主题与关键词、图示与案例分析、解题的方法与程序、媒介与技法表现等。课题与课题之间除了由浅入深、从简单到复杂的循序渐进，更应该将语法的演绎、手法的戏剧性、资源的趣味性及效果的多样性与超越预见性等方面作为侧重点。于是，一本教材就是一个题库。教师上课可以从中各取所需，进行多种取向的编排，进行不同类型的组合。学生除了完成规定的作业外，还可以阅读其他课题及解题方法，以补充个人的体验，完善知识结构。

从某种意义上讲，以系列课题作为教材的体例，使教材摆脱了单纯讲义的性质，从而具备了类似教程的色彩，具有可供实施的可操作性。这种体例着重于课程的实践性，课题中包括了"教学方法"的含义。它所体现的价值，就在于着重解决如何将知识转换为技能的质的变化，使教材的功能从"阅读"发展为一种"动作"，进而进行一种真正意义上的素质训练。

从这一角度而言，理想的写作方式，可以是几条线索同时发展，齐头并进，如术语解释呈现为点状样式，也可以编写出专门的词汇表；如名作解读似贯穿始终的线条状；如对名人名论的分析，对方法的论述，对原理法则的叙述，就如同面的表达方式。这样学习者在阅读教材时，就如同看蒙太奇镜头一般，可以连续不断，可以跳跃，更可以自己剪辑组

序
PROLOG

合，根据个人的问题或需要产生多种使用方式。

艺术设计教材的编写方法，可以从与其学科性质接近的建筑学教材中得到借鉴，许多教材为我们提供了示范文本与直接启迪。如顾大庆的教材《设计与视知觉》，对有关视觉思维与形式教育问题进行了探讨，在一种缜密的思辨和引证中，提供了一个具有可操作性的教学手册。如贾倍思在教材《型与现代主义》中以"形的构造"为基点，教学程序和由此产生创造性思维的关系是教材的重点，线索由互相关联的三部分同时组成，即理论、练习与构成原理。如瑞士苏黎世高等理工大学建筑学专业的教材，如同一本教学日志对作业的安排精确到了小时的层次。在具体叙述中，它以现代主义建筑的特征发展作为参照系，对革命性的空间构成作出了详尽的解读，其贡献在于对建筑设计过程的规律性研究及对形体作为设计手段的探索。又如陈志华教授写作于20世纪70年代末的那本著名的《外国建筑史19世纪以前》，已成为这一领域不可逾越的经典之作，我们很难想象在那个资料缺乏而又思想禁锢的时期，居然将一部外国建筑史写得如此炉火纯青，30年来外国建筑史资料大批出现，赴国外留学专攻的学者也不计其数，但人们似乎已无勇气再去试图接近它或进行重写。

我们可以认为，一部教材的编撰，基本上应具备诸如逻辑性、全面性、前瞻性、实验性等几个方面的要求。

逻辑性要求，包括内容的选择与编排具有叙述的合理性，条理清晰，秩序周密，大小概念之间的链接层次分明。虽然一些基本知识可以有多种不同的编排方法，然而不管哪种方法都应结构严谨、自成一体，都应生成一个独特的系统。最终使学习者能够建立起一种知识的网络关系，形成一种线性关系。

全面性要求，包括教材在进行相关理论阐释与知识介绍时，应体现全面性原则。固然教材可以有教师的个人观点，但就内容而言应将各种见解与解读方式，包括自己不同意的观点，包括当时正确而后来被历史证明是错误或过时的理论，都进行尽可能真实的罗列，并同时应考虑到种种理论形成的文化背景与时代语境。

前瞻性要求，包括教材的内容、论析案例、课题作业等都应具有一定的超前性，传授知识领域的前沿发展，而不是过多表述过时与滞后的经验。学生通过阅读与练习，可以使知识产生迁延性，掌握学习的方法，获得可持续发展的动力。同时一部教材发行后往往要使用若干年，虽然可以修订，但基本结构与内容已基本形成。因此，应预见到在若干年以内保持一定的先进性。

实验性要求，包括教材应具有某种不规定性，既成的经验、原理、规则应是一个开放的系统，是一个发展的过程，很多课题并没有确定的唯一解，应给学习者提供多种可能性实验的路径、多元化结果的可能性。问题、知识、方法可以显示出趣味性、戏剧性，能够激发学习者的探求欲望。它留给学习者思考的线索、探索的空间、尝试的可能及方法。

由合肥工业大学出版社出版的《高等院校应用型"十二五"艺术设计教育系列规划教材》，即是在当下对教材编写、出版、发行与应用情况，进行反思与总结而迈出的有力一步，它试图真正使教材成为教学之本，成为课程的本体的主导部分，从而在教材编写的新的起点上去推动艺术教育事业的发展。

邬烈炎

南京艺术学院设计学院院长　教授

前言
FOREWORD

早在原始氏族社会的居室里，已经有人工做成的平整光洁的石灰质地面，新石器时代的居室遗址里，还留有修饰精细、坚硬美观的红色烧土地面，即使是原始人穴居的洞窟里、壁面上也已绘有兽形和围猎的图形。也就是说，在人类建筑活动的初始阶段，人们就已经开始对"使用和氛围"、"物质和精神"两方面的功能同时给予关注。

春秋时期思想家老子在《道德经》中提出："凿户牖以为室，当其无，有室之用。故有之以为利，无之以为用。"形象生动地论述了"有"与"无"、围护与空间的辩证关系，也提示了室内空间的围合、组织和利用是建筑室内设计的核心问题，也说明人们对生活环境、精神功能方面的需求。

清人李渔在其专著《一家言居室器玩部》的居室篇中论述："盖居室之前，贵精不贵丽，贵新奇大雅，不贵纤巧烂漫"，"窗棂以明透为先，栏杆以玲珑为主，然此皆属第二义，其首重者，止在一字之坚，坚而后论工拙"。其对室内设计和装修的构思立意有独到和精辟的见解。我国各类民居，如北京的四合院、四川的山地住宅、云南的"一颗印"、傣族的干阑式住宅以及上海的里弄建筑等，在体现地域文化特色的建筑形体和空间组织，在建筑装饰的设计与制作等许多方面，都有极为宝贵的可供我们借鉴的成果。

建筑装饰构造设计是建筑装饰行业重要的专业技术与设计课程，它集产品、技术、艺术、文化于一身，是装饰设计、室内设计及环艺设计等专业重要的学习内容及必修课程。本书是依据国家规范和建筑装饰行业的最新发展编写的。内容以装饰构造设计的基本原理为主，重点介绍了装饰构造中常用的、新的或具有代表性的构造设计工艺。全书共分八章，分别叙述了建筑物墙面、地面、室内顶棚、门窗、楼梯、幕墙和其他部位的装饰构造的原理与方法。书中配有大量新的建筑室内装饰的构造图及实例，深入浅出，图文并茂，易于理解与参考应用。本书既可作为普通高校和高职高专环艺、室内设计及装饰类专业教材，也可作为装饰施工技术性的培训教材，还可供室内设计人员和装饰施工技术人员参考。

建筑装饰行业发展较快，新材料新工艺不断涌现，构造和施工工艺更新较快，这就要求我们在学习过程中要灵活掌握，紧跟行业的技术发展，努力学习最新、最好的适用知识和技术，逐步掌握装饰构造与施工设计技术。在本书的编写中，参考了有关书籍和图片资料，得到了有关建筑装饰设计及施工单位人员的大力支持，在此一并表示感谢。个别作品因多种原因未能详细注明出处，特此致歉。由于编者水平有限，书中难免有不妥之处，敬请指正。

编者

2014年7月

目录
contents

目录
contents

第一章　概论

学习目标：理解和掌握装饰构造的定义、特点、原则、分类等基本概念，重点掌握装饰装修的不同部位的构造特点及设计风格。

学习重点：1. 建筑装饰构造的定义；2. 装饰构造的课程特点及学习方法。

学习难点：装饰装修构造设计的思路。

第一节　装饰构造的概念及课程学习方法

一、装饰装修的概念

建筑装饰装修是对建筑物外立面及其室内饰面进行装饰和装修的过程。

建筑规划及建筑主体确定之后，建筑装饰是根据建筑性质、功能要求进行空间二次深化设计及界面装修设计，赋予空间形式美及文化意味，创造一个特定性格的完美的空间，这是建筑装饰的重要方面，也可以说是装饰的主要目的。

建筑师要根据建筑的使用性质及功能需求进行整体规划设计，形成能满足基本使用功能的空间规划方案。当建筑物主体建成后，我们看到的只是建筑物的主体框架，装饰装修设计能最大限度挖掘空间的使用功能，使建筑物的空间划分更加合理和有序。装饰装修能从根本上改变建筑物的外观，建筑的使用特点变得更加鲜明，形成诸如商场、酒店、住宅等不同功能的使用空间。

通过装饰和装修，建筑物外立面变得美观大方，具有很强的个性化风格。这些风格各异的建筑物给人以强烈的视觉印象，形成现代城市和乡村两种不同风格的独特风景线。同时，室内空间也运用各种不同风格设计手法，营造出优雅、舒适的工作、学习和生活环境。建筑往往代表着一座城市的文化背景，"建筑风格是一种文化的沉淀，如果对文化底蕴缺乏理解，就会形神俱伤"。（图 1-1 ~ 图 1-4）

图 1-1 城市建筑外立面立体造型

图 1-2 乡村的自然生活形态

图 1-3 现代城市建筑的立面　　　　　　图 1-4 人和自然的和谐共生是设计的主题

　　近年来，随着物质文化和生活水平的不断提高，人们对于装饰装修的理解趋于理性化，在装修中大家不再盲目追求"档次高低"，合适的、实用的就是好的。家就应该有家的感觉，过度装饰反而有一种不适之感。摒弃一切不必要的材料的堆砌和浪费，追求装饰的个性化、风格化。装饰装修的个性化有助于培养人们理性消费和对装饰回归建筑的本来面目的理解。这对装饰装修内容方法等提出更高的要求，装饰的设计应更加重视"以人为本"的设计理念。

　　建筑装饰中，在对装修和装饰概念认识进行区分是很有必要的。装修通常是指对建筑物的表面进行保护性的材料覆盖与美化，它侧重于工程的施工工艺与技术的应用；装饰是指在装修的基础上运用家具与陈设等进行进一步的修饰和美化，最终创造出符合规范要求的优美的人居环境。因此，装修又被人们称为"硬装"，而装饰被称为"软装"。在现代装饰设计手法中，"软装"必将大行其道，其在装饰装修工程中的比重在逐步加大。（图 1-5、图 1-6）

图 1-5 室内地面墙面顶棚属于硬装、　　　图 1-6 中国传统装修中，木质家具与陈
家具茶几就是软装范围　　　　　　　　　设品透射出丰富的人文情调

二、装饰构造的基本内容

建筑装饰构造的主要内容包括装饰构造的原理、组成和做法。装饰构造原理是指长久以来在工程实践中形成的比较成熟的基本做法。学生通过对基本的构造原理的学习，可以较快理解和掌握装饰构造的方法，还可以结合工程实际创造出新的更好的构造做法。随着时代的进步，新材料的大量涌现，各种新的构造做法层出不穷，我们一定要善于学习和吸收。装饰构造的组成是构造原理的具体体现，就是具体用哪种方法将材料固定或覆盖在建筑物表面。建筑装饰构造的主要内容是对建筑物的地面、墙面、顶棚三大界面及其他细节部分进行构造设计，以确定具体的做法。

三、装饰构造的课程特点及学习方法

1. 综合性和实践性

装饰构造课程侧重于对装饰内部结构构造的解读，但它也是一门综合性的工程技术科学。装饰本身就是艺术和技术的完美结合。装饰构造涉及艺术美学、人文、哲学、建筑结构工程、材料学、施工技术、工程造价及建筑设备等，同时还涉及有关国家法规、相关装饰装修规范知识，更需要有工程实践经验。只有将这些知识融会贯通，才能真正理解和掌握装饰构造的有关知识。只学构造教材容易犯教条，构造设计是活生生的不断发展的技术，需要我们活学活用、灵活掌握。

学习本课程最为有效的方法是增加工程实践方面的经验和提高手绘能力。一方面，教师要安排课内参观和调研，学生更应主动地、有意识地去获得工程施工方面的知识经验。要利用课余节假日时间深入施工一线现场多看多问，大量阅读工程图纸，平时养成积累的好习惯；另一方面，学生要经常做手绘图练习，配合讲课完成一定量的构造设计大型作业，平时要求多画手绘节点构造图，理解施工节点构造。在施工现场看到好的构造处理手法，也可画草图记录下来作为资料使用。在作图的过程中可以解决很多的问题。

2. 识图与绘图

装饰构造课程的学习要求比较高。学生不仅要理解和掌握装饰构造设计原理及构造做法，而且要求能够进行基本的构造设计，绘制出包括平面图、立面图、剖面图、大样图和各种节点详图的装饰施工图，同时要识读大量的工程图纸，分析弄懂构造做法，并能结合工程实际举一反三地自行进行构造设计工作。

3. 记忆量大、名词众多

在讲述过程中，一些常用的、典型的构造做法需要我们记熟。还有一些专业术语，名词概念，尤其是装饰材料品种繁多，商品名、俗名、学名叫法都不太一样，必须有意识加以区分、归纳记忆，避免混淆误会。

第二节　装饰构造的组成部分及分类

一、装饰构造的组成

装饰工程涉及建筑物的室内外的各个部分，主要是对建筑物的地面、墙面、顶棚三大界面及其他细节部分进行构造设计，以确定具体的做法。也包括室外的地面、墙面、台阶、窗台、檐口、雨棚等的构造设计，还有一些特殊的装饰部位，如楼梯、隔断、门窗、踢脚的构造设计。

二、装饰构造的基本类型

装饰构造可分为饰面构造和配件构造两类。

构造分类		图形		说明
		墙面	地面	
罩面类	涂刷	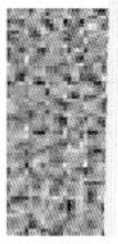		在材料表面将液态涂料喷涂固化成膜。常用涂料有油漆、大白浆等。类似的还有电镀、电化、搪瓷等。
	抹灰	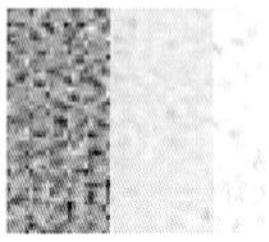		抹灰砂浆是由胶凝材料、细骨料和水（或其他溶剂）拌合而成。常用的胶凝材料有水泥、白灰、石膏等。骨料有砂、石屑、细炉渣、木屑、陶瓷碎料等。
贴面类	铺贴	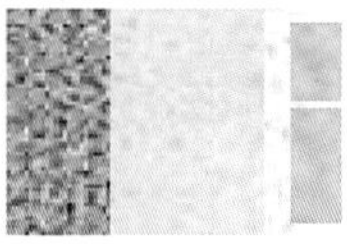	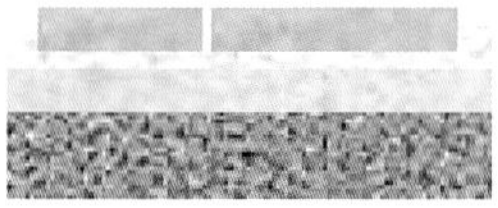	各种面砖、缸砖、瓷砖等陶瓷制品，厚度小于12mm的超薄石板。通常采用水泥砂浆铺贴。为了加强黏结力，在背面开槽，使其断面粗糙。
	胶结	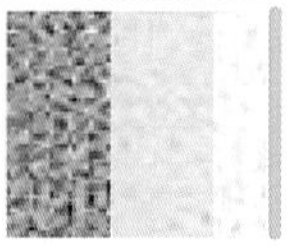	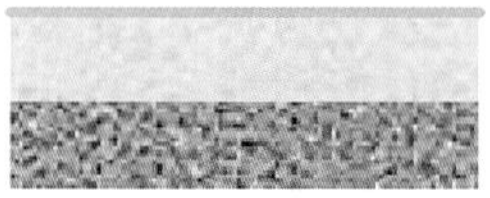	饰面材料呈薄片或卷曲状，厚度在5mm以下，如贴于墙面的各种壁纸、绸缎等。
	钉嵌	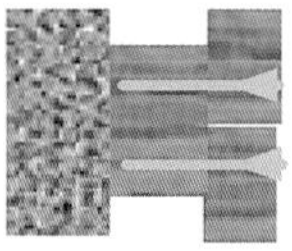		饰面材料自重轻、厚度小、面积大，如木制品、石膏板、金属板等，可直接钉结，或者借助压条、嵌条固定。也可胶结。
钩挂类	系结	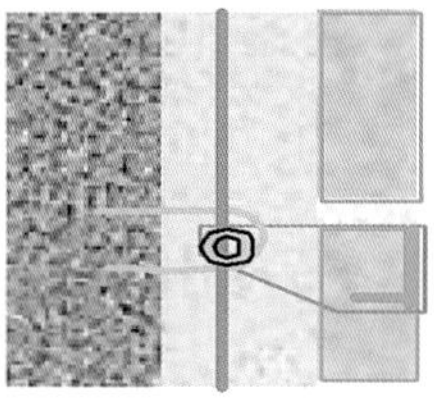		用于厚度为20~30mm，面积较大的石材。在板材背面钻孔，用金属丝将板材系挂在结构层金属件上，板材与结构层之间用砂浆固定。
	钩结	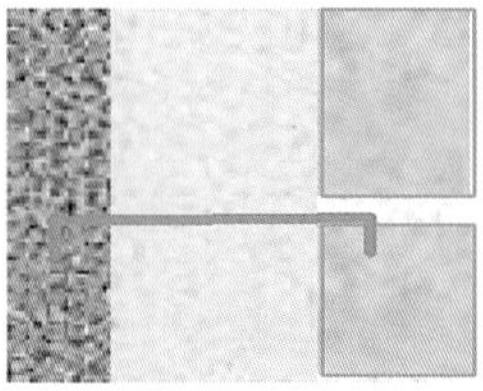		用于厚度为40~150mm的饰面材料，常在结构层包彻。块材上留口，用于结构固定的金属钩在槽内搭住。多见于花岗石、空心砖等。

图 1-7 饰面构造的分类

类别	名称	图形	附注
粘结	高分子胶 动物胶 植物胶 其他	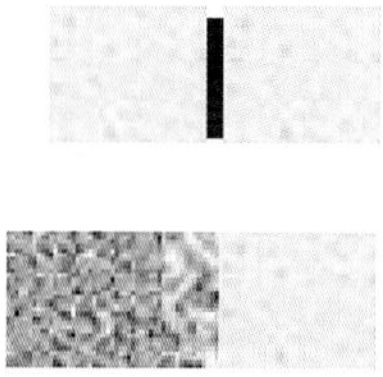 常见有环氧树脂、聚安酯、聚乙酸乙烯等 骨胶、皮胶 橡胶、叶胶、淀粉 水泥、白灰、石膏、沥青、水玻璃	水泥、白灰等胶凝材料价格便宜，做成砂浆应用最广。各种黏土、水泥制品多用砂浆结合。有防水要求的，可用沥青、水玻璃结合。
钉接	钉	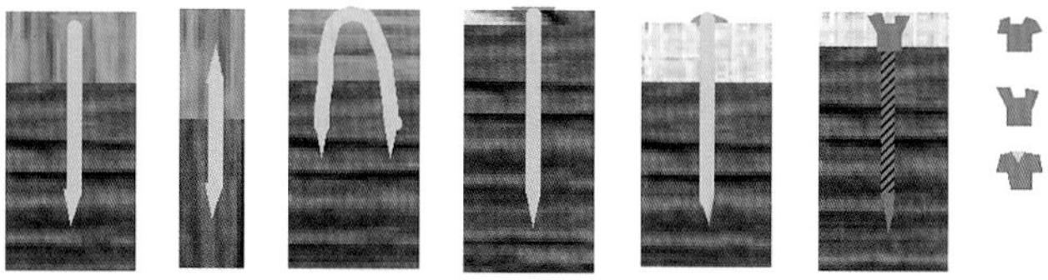 圆钉　销钉　骑马钉　油毡钉　石棉板钉　木螺钉　半圆头　半沉头　方头	钉接主要用于木制品、金属板材及石膏、矿棉板、塑料制品等。
接	螺栓	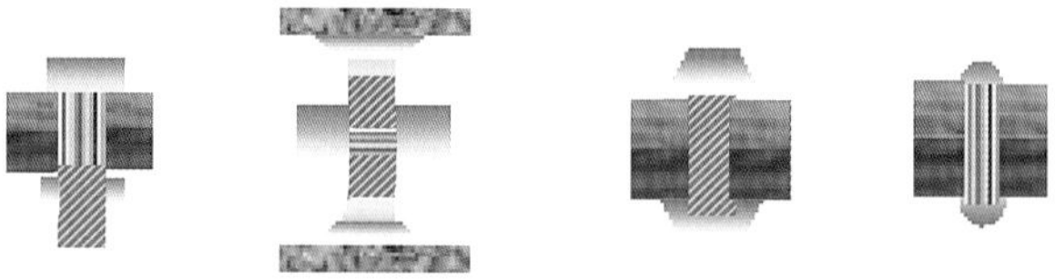 螺栓　调节螺栓　没头螺栓　铆钉	螺栓常用于建筑构件和装饰构造。可用来固定、调节距离、松紧。其规格品种繁多。
	膨胀螺栓	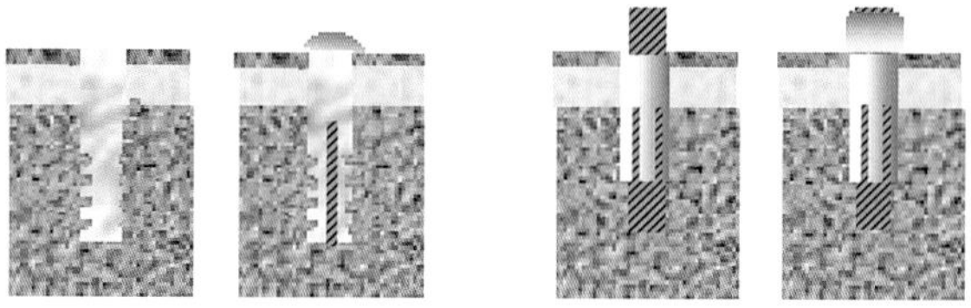 塑料或尼龙膨胀管　钢制胀管	膨胀螺栓可用来代替预埋件，构件上先打孔，放入螺栓，旋紧膨胀固定。
榫接	平对接	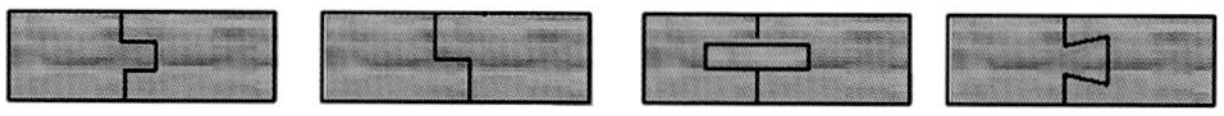 凹凸榫　对搭榫　销榫　鸽尾榫	榫接多用于木制品。其他材料也可使用，如塑料制品、石膏板、碳化板。
接	转角顶接	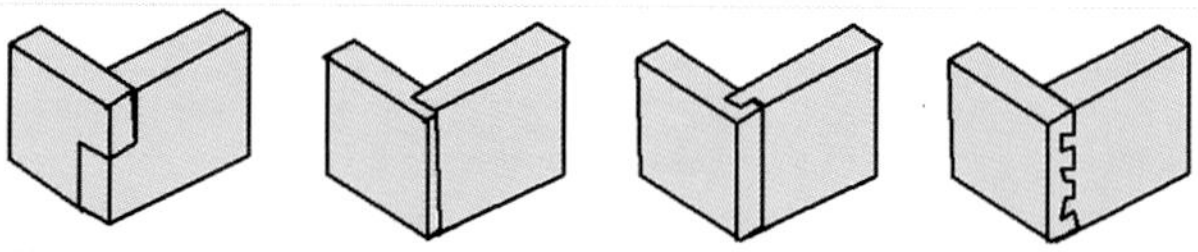	
其他	焊接	 V缝　单边V缝　塞焊　单边V缝角接	用于金属、塑料等可熔性材料的结合。
	卷口接	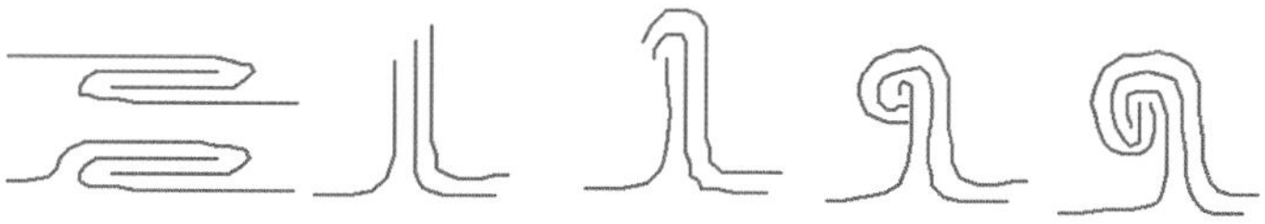 卧式　立式	用于薄钢板、铝皮、铜皮等的结合。

图 1-8 装饰装修常用的结合方法

1. 装饰饰面构造

装饰饰面构造是出于墙体保护及空间美化的需要。是指墙体表面覆盖的装饰面层，它需要解决基层和饰面层的连接问题。饰面层附着于建筑构件的表面，在不同建筑构件部位，饰面的朝向是不同的。如顶棚处在楼板的下部，墙面处在墙体的两侧，均有防止脱落的要求。地面及楼面的受力较前者有利，但构造上还要求坚固耐磨。同一种材料在不同的部位，受力不一样，构造处理也会不同。如大理石在地面是铺贴构造，而在墙面就变成了干挂或湿挂构造做法。

按照材料加工性能和部位的不同，装饰饰面构造的分类可分为三类：罩面类、贴面类、钩挂类。（图1-7）

2. 配件构造

装饰配件构造就是通过各种加工工艺，将一般材料加工成装饰成品构件，如铁艺、玻璃制品、水泥板、窗帘盒、壁柜等，做好后再拿到现场进行拼接安装。这种构造方法就被称为配件类装饰构造。

（1）装饰配件的成型构造

装饰配件构造的成型方式主要有铸造、塑造、加工制作与拼装。铸造法是将铁、铜等金属材料浇铸成装饰件；塑造法是将水泥、石灰、石膏等可塑性材料预制成各种成品构件；加工与拼装法是通过锯、刨、凿等将木材等材料加工成各种形状，再拼装成装饰配件。其他一些人造板，如石膏板、加气混凝土板，具有与木材相近的可加工性能。不锈钢等金属板有可切割、钉铆和焊接的加工拼装性能。这些都可以通过加工制作与拼装的方法做成相应的装饰构配件。

（2）装饰配件的结合方式

装饰配件加工与拼装工艺主要技术特点是材料之间结合构造。装饰工程中常用的结合方法有钉接、榫接、粘接、焊接等。（图1-8）

第三节　装饰构造设计的思路

一、装饰构造设计的思路

装饰工程从方案设计到工程实施，是一个逐步深化和逐步落实的过程。而装饰构造设计是方案设计深化的过程。构造设计的直接结果就是绘制出装饰施工图。

有些年轻的设计师往往忽视构造设计的重要性，做出来的方案效果图很漂亮，能打动人，但是拿到工程上实施中就出现很多问题，有的方案根本不能使用，造成直接经济损失。

建筑装饰工程的构造设计是方案设计的深化过程。我们可以将建筑装饰设计分为两个部分：一是方案概念设计，是反映方案的纯艺术的、感性的想法；二是方案构造设计即施工图设计，是在概念设计基础上用科学的方法解决工程施工的实际问题。如材料的选用搭配、材料色彩、质感的定位、构造的方法、达到怎样的工程效果。

装饰构造的设计原则主要包括以下几个方面：首先是满足使用功能要求，满足人们精神生活的需要；其次是确保建筑及其构件坚固、耐久、安全可靠以及合理的装饰材料选择，合理的工程造价等。

1. 风格基调的确定

设计师接到一个设计方案，首先就是方案风格基本风格调子的确定，就是使装饰设计的风格必须统一在一个大的环境基调里面。

风格的形成不仅表现在外貌上，更是体现在具体的构造方法与材料的使用上。我们都知道时下流行的一些装饰设计的风格：新古典风格、现代式风格、简约风格、地中海风情、北欧风情、美式乡村风格等。所有这些风格，表现在构造设计方法与材料的选择使用上都有其独特的要求。有的是厚重沉静，有的是粗犷大气，有的是飘逸灵动，有的是典雅内敛。所有这些感觉，都要由材料和做工来体现。如厚重的感觉也有"粗拙"和"典雅"之分。"粗拙"的厚重可以用不倒棱的、亚光清漆方木加沉头螺栓连接的方式来表达。"典雅"的厚重可以用暗榫的连接方式加弧形角多遍打磨来表达。好的优良工程在细节上往往是经过反复推敲的。

2. 材料的确定

在方案效果图中我们可以看出已经选定初步的材料。但在实际工程施工之前，还需要做进一步的推敲。因为，材料的确定牵涉到工程多方面的因素。首先考虑的是经济方面，材料的档次、价格。如在效果图中看到的榉木材料，榉木有红榉和白榉的区别，白榉中又有天然板材、电脑仿真板材之分。其中又有产地、厂家、质量、分割尺度等因素。材料的档次、价格差别很大。其次是施工方面，所用的材料要符合工程的使用。有些材料有地域性、季节性的限制，材料的防火性能、环保性能对工程质量的影响等。

3. 构造尺寸的确定

有些材料本身的规格尺寸就是它的构造尺寸，如墙地砖可以直接铺贴。有些材料则需要多次的切割，如石膏板、三合板等，切割时也要考虑到龙骨的间距、材料合呼模数，尽量不要浪费材料。构造尺寸的确定还应考虑到对整体空间效果的影响，小空间就应慎用大规格的材料。不同材料的相接，注意相互之间要最终处在同一水平面上。如木地板需打龙骨，与之相邻的地砖就要考虑在高度上与之一致，避免出现"台阶"。

4. 材料与主体构件的连接方法

连接方法是构造设计里一项重要内容。常用的连接方法有：钉接、粘接、焊接、勾挂、榫接等。连接方法主要考虑到结构的受力、传力，其次才是美观、施工、造价问题。优先选用隐蔽的连接构造。

5. 构造细节的处理

细节决定成败，在装饰工程中也是这样。装饰工程质量的好坏往往反映在一些细节的处理上。

（1）缝隙的处理

材料的安装需要有必要的留缝，这是因为材料有热胀冷缩问题，还有大规格材料分割后能便于施工。有时候还刻意进行留缝设计，这时缝隙就是造型设计不可分割的一部分，在视觉上就是美感的线条，是风格化的一部分。缝隙的处理方法有多种，主要有填缝、嵌缝、空缝等做法。

（2）边缘的处理

边缘的处理反映了加工的细致程度，同时也是工程安全性与耐久性的具体体现。

①倒角磨边。石材、玻璃应经过倒角磨边加工后方可使用，金属材料也是如此。

②封边与包边。三合板等薄板覆在龙骨架上，其边缘需要用木条封闭，起到美观和保护作用。包边的材料强度也有要求。

③垫边与挂边。大理石等为了增加板材的厚重感、美感和强度往往采用此法。

（3）角部的处理

角部处理时采用护角做法比较多，多用于建筑物的阴阳角。某些家具采用特殊的手法对角部进行处理。

6. 构造设计需满足建筑物整体耐久性需要

建筑是百年大计，设计之初就应考虑其耐久性。世上历经几百年不倒的建筑物比比皆是。江西省婺源县境内有一座彩虹桥，始建于南宋，已有八百年历史。彩虹桥是一座土、石、木混合结构桥梁。但正是这样一座构造非常简单的桥梁，历经八百年风雨沧桑，依然保存完好。该桥梁建筑有两个主要技术特点：一

图 1-9 江西省婺源境内的彩虹桥远看如长虹卧波

图 1-10 彩虹桥的内部结构工艺水平不高但很实用合理

是尖状桥墩，二是桥面的木构造的桥面及桥廊。尖状的土石桥墩面向洪水方向可以大大减弱洪水冲击的强度。而桥面的木构造设计更体现了古人实用主义的设计理念。木构造的桥面耐久性很差，经常需要维护、更换，正是考虑到这一点，设计者在设计中把桥面进行分块构造再行安装。

此外，桥面的做工看起来略显粗糙，按理明代的木工工艺已经非常先进，彩虹桥在当地的重要性不言而喻，为何会出现这样的情况呢？经过考证，原来桥梁的制造者考虑问题非常长远。木构造的桥面耐久性较差，需要经常维护修理。由于当地工匠技术水平不高，而请外地工匠又面临着交通不便、维修不及时等因素，所以宁可降低工艺要求，由本地工匠来负责桥面的维护和管理。这样，彩虹桥的木结构就能得到及时的维修更换。今天彩虹桥依然风采如昔。（图 1-9、图 1-10）

综上所述，装饰构造设计要满足建筑物整体耐久性需要，除了构造设计本身，还牵涉社会、区域、环境等各方面因素。只有综合了各方面的因素，选择有利于建筑的保护方案，建筑物才能保持长久。

二、标准做法与标准图

装饰构造设计的标准做法也是构造设计的新思路。在实践中，有些成熟的构造设计完全可以采用标准化方式生产。标准化生产可以最大限度节约材料，发挥规模优势，创造很好的经济效益。装饰是建筑的一个分项，长久以来标准化的推行面临一定的困难。一方面是由于装饰工程本身的个性化的需要，还有就是行业内部资源整合的缺乏，传统手工业还占有更大的市场。装饰的标准化还有许多工作要做。实现标准化有利于装饰制品、装饰构配件等材料的通用性和互换性。简化设计，提高施工质量，使材料模数符合需要，降低工程造价，从而提高经济和社会效益。

目前，标准化是行业发展的一面镜子。装饰行业经过多年的发展，已经初具规模，产业结构提升势在必行。现在，家庭装潢里就有整体装修的提法。所谓整体装修，实际上是改变了传统的手工作业做法，发展成标准化的"半工业化生产"，就是在工厂里生产出成品、半成品构件，再拿到现场组装完成，特点是方便快捷、工业化程度高。产业的升级带来了诸多优势：简化了设计，缩短了工期，减轻了工人的劳动强度，避免了传统的手工作业的浪费，减轻了对环境的污染。同时也节省了材料，提高了施工质量，降低了工程造价。如前所述，我们在面对现实的同时，要强调标准化和工业化，尽量使用标准图和标准做法。

标准做法和标准图是分不开的。标准做法是在实践中总结出来的，具有普遍意义的构造设计。标准图上的构造设计都是成熟和优秀的。标准图适用于大多数民用建筑与公共建筑，大型建筑也可选用。但在装饰装修的过程中，有特殊要求的建筑物的细部构造，还是会采用单独设计的做法。这也是装饰独创性的需要，但这并不会影响整个装饰行业标准化使用。

作业与要求：

一、思考题

1. 什么是装饰构造，装饰构造内容有哪些？

2. 怎样学好装饰构造？

3. 简述装饰构造的基本类型。

4. 装饰构造设计的思路有哪些？

5. 结合工程实际讲述标准图和标准做法的使用。

二、室内装饰构造项目分析实训

1. 实训目的

通过识图、现场勘测、装饰市场调研、能够完成设计项目的现场勘测；能够基本掌握业主和方案设计的要求；能够与建筑、结构、设备等相关专业配合协调。

2. 实训条件

（1）提供某一居室户型方案设计图、工程项目工程概况。（教师提供）

（2）自备相关绘图工具（绘图板、丁字尺、三角尺、比例尺、擦线板、绘图笔、A3图纸等）。

3. 实训内容及步骤

（1）了解方案设计意图；

（2）现场勘测，了解工程构造概况；

（3）装饰市场调研，了解市场设计趋势，收集材料信息；

（4）分析改造室内建筑空间。

（5）实训课时安排（7学时＋课外1周）

4. 课时安排由三部分组成

（1）前期：统一分析方案设计、现场勘测、装饰市场调研讨论问题，提出方案，完善方案。课堂时间完成。

（2）中期：继续完善方案。课堂或课后时间完成。

（3）分析、讲评、总结。课堂时间完成。

5. 预习要求

（1）收集相关资料，分析同类室内空间装饰改造案例。

（2）了解装饰实际工程的各种装饰工艺与构造基本内容

第二章　地面装饰构造

学习目标：了解地面装修的构造组成和地面装修的类型，理解与掌握各种地面装饰装修的构造做法。能根据室内空间的使用功能要求选定适当的装饰材料。熟练绘制木地面、块材地面等装饰施工图。

学习重点：1. 块材地面装饰构造做法；2. 实铺木地面构造做法；3. 块材地面、实铺木地面装饰施工图绘制。

学习难点：地面装饰材料选定和地面装饰施工图绘制。

第一节　概述

一、地面装修的功能

地面装饰构造主要是指地面和楼面的面层装饰构造设计。楼地面（以下简称地面）在人的视线范围之内所占比例较大，在室内装修中属于三大界面之一。地面需要承受各种荷载。人、家具、设备等与地面直接接触，会产生一定的磨损。地面装饰装修主要是安全可靠，耐磨易清洁，地面装修必须满足以下几点：

1. 保护楼板

楼板承受着人、家具、设备等各种荷载。地面面层装修的主要作用就是保护楼板或地坪的安全，保证楼板或地坪不被破坏。

2. 满足正常使用功能

地面装饰应满足人们自身活动的正常使用需要，便于清洁，方便使用。有特殊要求的地面，还应满足防水、耐酸碱、防静电、隔声、保温、有弹性等要求。

3. 满足坚固耐久性要求

楼地面面层的耐久性由室内材料特性和使用状况来决定的。楼地面面层应当坚固耐磨，表面平整、光洁不起毛，具有良好的防潮、防火和耐腐蚀性。

4. 满足装饰性要求

地面装饰装修还需满足审美的需要，具有装饰性。地面面层可采用多种材料色彩之间搭配、花式拼花等组织成各种装饰性图案效果。有时地面拼花的方向性还可起到暗示和引导人员流动的作用。而地面装饰必须考虑室内空间的使用性质、形态、家具陈设、交通流线等因素。

二、地面装修的分类与构造组成

1. 地面装修的分类

地面装饰装修可以分为多种装修类型。按面层材料的不同，可分为水泥砂浆地面、地砖地面、木地面、大理石、花岗石地面、地毯地面等。按构造和施工方式不同，又可分为整体式地面（如水泥砂浆地面、水磨石地面、细石混凝土地面）；板块式地面（如瓷砖地面、大理石地面）；卷材式地面（如地毯、塑料地毡）。

2. 地面装修的构造组成

地面是建筑物的底层地面和楼层地面的总称。地面的构成主要由基层（结构层）、中间层和面层组成。对有特殊要求的地面，常在面层和中间之间增设附加层。

（1）结构层

结构层的作用是承担上面的全部荷载，是地面的基础。地面的基层多为素土夯实或加入石灰等垫层；

楼板的基层一般是现浇或预制钢筋混凝土楼板，是楼面的承重部分，主要功能是承受楼板层上部的全部荷载并将这些荷载传递给梁或柱，同时还对墙身起到水平支撑作用，以加强建筑物的整体刚性。

（2）中间层

中间层是位于结构层之上，其作用是将上部的各种荷载均匀地传递给结构层，要有较好的刚性及韧性，同时还起着防潮、隔声和找坡的作用。中间层可以由多层组成。中间层根据选择材料的不同，往往有刚性和柔性的区别。前者用细石混凝土，后者用灰土、炉渣等。

（3）面层

面层是指地面装饰层，它直接承受各种荷载及外界各种因素的影响，并有美化环境及保护结构层的作用。要求具有一定的强度、耐磨性和耐久性。地面装修的名称通常以面层所使用材料来命名，如水泥砂浆地面、大理石地面、木地板地面等。

综上所述，在进行地面和楼面设计和施工时，应根据房间的使用功能和装修标准，选择适宜的面层和附加层，从构造设计到施工确保地面达到坚固耐磨、平整光洁、不起灰、易清洁、能防火、耐腐蚀等要求。（图2-1）

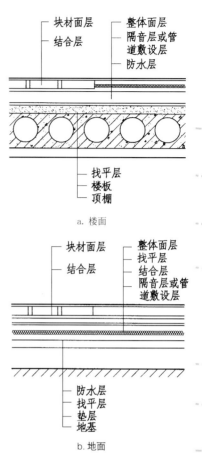

图 2-1 楼地面各层构造图

第二节　地面装饰构造

一、整体式地面

整体式地面是采用现场浇筑方式，以大面积整体施工方法做成的地面。整体式地面材料以水泥、砂石骨料为主，外加一些增强剂，进行搅拌、混合后再行施工。整体式地面的类型主要有水泥砂浆地面、现浇水磨石地面、细石混凝土地面。整体式地面采用的基层处理、材料选用、构造及工艺做法都大同小异。

1. 水泥砂浆地面

水泥砂浆地面构造简单、造价低，表层坚固且能够防水，是目前应用最为广泛的普通地面做法。水泥砂浆地面构造做法一般有单层和双层两种。单层做法是在基层上抹一层15～20mm厚的1∶2.5的水泥砂浆。抹平后，在凝固前再用铁板抹光。双层做法是在基层上先用15～20mm厚的1∶2.5的水泥砂浆打底找平，面层用5～10mm厚的1∶2的水泥砂浆抹面，凝固前用铁板抹光。如在水泥砂浆中掺杂一些颜料就可做成不同颜色地面。此外还可以在表层涂抹氟硅酸盐溶液，称为"氟化水泥地面"；也可涂一层塑料涂料，如氯丁烯涂料。单层施工简单，双层施工复杂，但不容易开裂。

水泥砂浆地面缺点是导热系数高，会有冬冷夏热的感觉。在室内空气湿度大时容易出现结露现象。表面易起灰，无弹性，不易清洁。

2. 现浇水磨石地面

现浇水磨石地面施工较为复杂，施工周期也较长，但其造价低，表面装饰效果较好，无论整体刚度、耐磨度、平整度、光洁度、花式都很好。水磨石地面耐腐蚀、清洁容易，特别适用于对清洁度要求较高的场所，如商场、医院、学校、浴室等。

现浇水磨石地面以水泥作为胶结材料，以大理石、白云石等中等硬度的石屑为骨料，水泥石屑浆硬结后，经磨光打蜡形成平整度较高的整体式地面。水磨石地面做法分为两层。清洁地面后，先用 10 ~ 15mm 厚 1：3 的水泥砂浆打底找平，按照设计图案分格条用 1：1 的水泥砂浆固定，再用 1：2 的水泥石屑浆抹面。经浇水养护一周，用磨光机打磨，最后用草酸清洗，打蜡保护完成。（图 2-2）

分格条的材料有玻璃条、铜条等。使用分格条不仅美观，而且能有效防止因温度变化引起的地面开裂，同时也方便施工和维修，如图 2-3 所示。

水磨石地面表面光洁、不起灰、抗水性好，它集实用性、易用性于一身，是一种较为理想的整体式地面，在国外仍在大面积使用。由于其湿作业施工周期较长等原因，它在国内的发展使用受到了限制，如图 2-4 所示水磨石地面完工后效果。

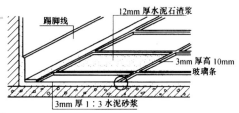
图 2-2 水磨石地面分格条做法

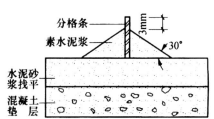
图 2-3 分格条固定示意图

图 2-4 水磨石地面完工后效果

3. 细石混凝土地面

细石混凝土地面的构造做法基本等同于水泥砂浆地面做法。但面层材料中加入豆石、石屑等材料，以提高面层整体性强度和抗裂性能，适用于面积较大的地面工程，如厂房、库房等。石屑易用碎石、豆石，粒径在 5 ~ 15mm 之间，含泥量不大于 2 %；砂子用粗砂或中粗砂，过 8mm 孔径筛子，含泥量不大于 3 %。细石混凝土地面有两种做法：一种是先浇筑 30 ~ 50 mm 厚细石混凝土，再抹 20mm 厚水泥砂浆面层；另一种是用 C15 细石混凝土（35mm 以上厚度）浇倒在地面，待其表面略有收水后，即提浆抹平。这种做法叫随打随抹，中间层和面层一次性完成。

4. 环氧树脂自流平涂料

现阶段，在人们对空间的清洁要求越来越高的情况下，出现了一种新型整体地面——"自流平"。它是一种整体聚合物面层地面。涂层的主要胶结物是环氧树脂，所以也叫"环氧树脂自流平涂料"，它通过添加固化剂，无挥发性的活性稀释剂、助剂、颜料和填料制成，是一种无溶剂型的高性能涂料。该涂料固化后，表面无接缝，具有防水、耐磨、耐化学品侵蚀功能。施工时对基层处理及平整度要求较高，价格也不低。现在随着自流平涂料的发展，又出现了聚氨酯自流平涂料。该涂料耐磨性更好，更耐用，具有良好的发展前景。（图 2-5）

图 2-5 环氧树脂自流平地面

二、块材地面

块材式地面近年应用较为广泛，无论是公共建筑和民用建筑，都在大面积使用。块材式地面的材料有：天然大理石、花岗岩、人造大理石、碎拼大理石、陶瓷地砖、陶瓷锦砖等。块材式地面采用厂家生产的定型材料,在施工现场进行铺设粘贴,其花式品种繁多,能满足不同的装饰使用要求。块材地面刚性大、易清洁、耐磨损,此类地面属薄型刚性面层,对基层整体性、刚性要求较高,如铺设在细石混凝土或钢筋混凝土楼板等基层上。

1. 石材地面

石材板材在地面和墙面均可使用。石材分为天然和人造两类,天然石材有花岗岩（火成岩）、大理石（变质岩）、砂岩（沉积岩）、凝灰岩（沉积岩）等。人造石材主要是仿石材品种。天然石材中花岗岩、大理石使用最为普遍,它们品种多样,颜色纹理变化丰富,装修高档,在室内设计中可以根据不同要求,做成规则和不规则的铺装,也可做成不同光滑度的表面。在工装中采用最多的是研磨（上光）法。

（1）大理石地面

天然大理石属高档石材,其色泽艳丽,纹理自然变化多端,装修效果显著。大理石的硬度比花岗岩稍逊一筹,容易雕琢磨光,但造价高。铺装前,通常先在工厂里按规格要求加工成20 ~ 30mm厚板材,规格一般为300mm×300mm ~ 600mm×600 mm不等。大理石的铺装对外观要求较高,选材要严格按标准进行,所选材料要进行试拼,确保设计效果。规则的大理石多采用密缝对拼铺设,缝的大小不超过1mm,用纯水泥扫缝;不规则的碎拼法接缝较大,用水泥砂浆嵌缝。碎拼大理石选材应按颜色等要求由设计人员亲自筛选。大理石铺装后,表面应铺盖麻袋进行保护,在结合层水泥强度达到60% ~ 70%后,才可进行磨光和打蜡。（图2-6、图2-7、图2-8）

图 2-6 大理石与花岗岩地面砌式与拼花

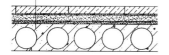

- 20 ~ 30mm大理石或花岗岩板面层
- 素水泥浆结合层
- 30mm1 : 3水泥砂浆找平层
- 素水泥浆结合层掺20% 建筑胶
- 钢筋混凝土楼板

a. 楼面

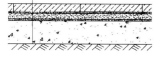

- 20 ~ 30mm大理石或花岗岩板面层
- 素水泥浆结合层
- 30mm1 : 3水泥砂浆找平层
- 素水泥浆结合层（混凝土垫层）
- 50 ~ 100mm混凝土或混凝土垫层
- 素土夯实

b. 地面

图 2-7 大理石与花岗岩地面构造

图 2-8 碎拼大理石与花岗岩铺装样式

图 2-9 卫生间陶瓷地砖砌式

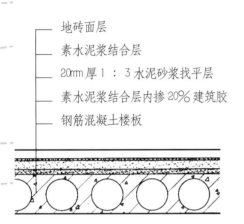

— 地砖面层
— 素水泥浆结合层
— 20mm 厚 1：3 水泥砂浆找平层
— 素水泥浆结合层内掺 20% 建筑胶
— 钢筋混凝土楼板

a. 楼面

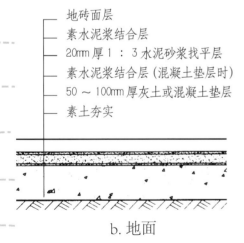

— 地砖面层
— 素水泥浆结合层
— 20mm 厚 1：3 水泥砂浆找平层
— 素水泥浆结合层（混凝土垫层时）
— 50～100mm 厚灰土或混凝土垫层
— 素土夯实

b. 地面

图 2-10 陶瓷地砖地面构造

大理石本身含有杂质，其主要物质碳酸钙在大气中容易受二氧化碳、水汽的侵蚀、风化与溶蚀，时间长了表面会失去光泽。所以，大理石一般只用于室内装修。少数品种如汉白玉、艾叶青质地较纯，杂质少性能稳定，可用于室外装修。

（2）花岗岩地面

天然花岗岩属于火成岩（岩浆岩），也是酸性结晶深成岩，材质较硬，主要成分是二氧化硅，矿物成分有长石、石英、云母等。花岗岩按结晶颗粒大小分为"伟晶"、"粗晶"、"细晶"三种。其有良好的抗压性，质地坚硬、耐磨、耐久，色泽持久不变，外观大方稳重，是理想的高档装修石材。

花岗岩硬度大，难加工，难铺贴，因而成本较高，多用于大型公共性建筑及人流量比较密集的场所。如建筑的出入口和大厅、宾馆大堂、影剧院、图书馆、展览馆、机场、车站，还有部分墙面、楼梯、服务台、窗台等。花岗岩在室外地面，一般不进行磨光，多凿成点或条纹状，用于防滑。花岗岩的铺装对外观要求也较高，选材要严格按标准进行，所选材料要进行试拼，确保设计效果。

铺设花岗岩地面的基层有两种，一是砂垫层，还有就是钢筋混凝土基层。钢筋混凝土基层表面要求用砂或水泥砂浆做找平层，约 30～50mm。砂垫层应在填缝前洒水拍实整平。室外主要用砂做垫层。

2. 陶瓷地砖地面

陶瓷地砖又称墙地砖，有各种颜色。特点是色调均匀，砖面平整耐磨，施工方便，装饰效果好。陶瓷地砖现已广泛应用于各级各类建筑，如办公、商业、旅店、住宅等。

（1）陶瓷地砖地面

陶瓷地砖的厚度在 6～10mm，规格有 300 mm×300 mm～800 mm×800 mm 不等，规格越大，价格越高，效果越好。地砖品种较多，主要有普通彩釉地砖、同质砖、抛光地砖（玻化砖）、劈开地砖、防滑地砖、缸砖等。

彩釉地砖、瓷质砖、瓷质抛光地砖使用较为普遍。这类地砖品种较多，形状为正方形。常见规格有 200 mm×200mm ～ 800 mm×800mm 不等，厚度有 11mm、13 mm、15 mm、19 mm。彩釉地砖又称釉面砖，表面没有瓷质抛光地砖平整光洁，耐磨度也相对较差。瓷质抛光地砖和同质砖一样都属于无釉通体本色地砖，瓷质抛光地砖是同质砖经过抛光处理而成，具有花岗岩一般的质感，又称仿花岗岩地砖，耐磨性及使用性能优于天然花岗岩，具有良好的防滑功能。在使用前先检查地砖品种和标号，不同品种和标号不能混用，避免色差。同时剔除变形砖及缺损砖，确保工程质量。（图2-9、图2-10）

（2）缸砖地面图

缸砖地面是用陶土焙烧制成的砖块，它比一般的砖厚，形状有正方形、六角形、八角形等。缸砖的颜色有多种，以红棕色最常见，背面有凹槽，可使砖块与基层粘贴牢固。铺贴可用 15 ~ 20mm 厚 1 ： 3 水泥砂浆作为结合层材料，要求砖面平整，横平竖直。缸砖具有质感坚硬、耐磨、耐水、耐酸碱、易清洁的特点，在实验室、厨房、卫生间等场所使用较多。缸砖地面构造如图 2-11 所示。

（3）陶瓷锦砖地面

陶瓷锦砖又称"马赛克"，用其做成地面质地坚硬，表面光滑，经久耐用。陶瓷锦砖能耐磨、耐酸碱、不透水、易清洗，可用于厨房、浴厕、化验室等地面，也可用于墙面局部装饰。陶瓷锦砖形状多为正方形，一般在 15 ~ 39mm 见方，厚度通常为 4.5 ~ 5mm。出厂前拼好图案贴在牛皮纸上，成为 300mm×300mm 或 600 mm×600 mm 的大张。每块锦砖留有 1 mm 缝隙。施工时，要在基层铺一层 15 ~ 20mm 厚、1 ： 3 水泥砂浆结合层，再将其大张陶瓷锦砖纸反铺在上面，然后用滚筒压平压实，使水泥砂浆挤入缝隙。待水泥砂浆初凝后，用水及草酸洗去牛皮纸，干水泥嵌缝。陶瓷锦砖地面构造如图 2-12 所示。

（4）混凝土砖地面、嵌草路面

近年来，各式混凝土砖和嵌草路面在专用人行道、小型休闲广场、庭院、屋顶花园等地广泛使用。混凝土砖和嵌草路面均属于小块材拼接铺装地面，装饰效果好，花色品种多样化，但整体性差，一般铺设在不走车的地方。混凝土砖的铺装适用于一般的散步游览道、草坪道、岸边小道、街道上的人行道等。它是用预先模制成的水泥混凝土砖铺砌路面，形状多变 、图案丰富，有各式各样的几何形图案等，如添加无机

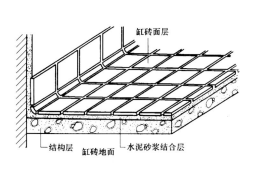

缸砖地面砌式

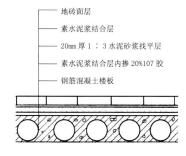

图 2-11 缸砖地面构造

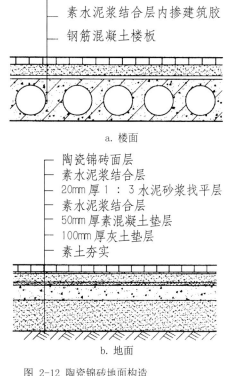

a. 楼面

b. 地面

图 2-12 陶瓷锦砖地面构造

图 2-13 混凝土砖专用人行道地面砌式　　图 2-14 用毛石留缝嵌草路面做成的小院景色　　图 2-15 用荒石与卵石搭配铺就的地面

矿物颜料可制成彩色混凝土砖，做成丰富多彩的路面，也可做成半铺装留缝嵌草路面。另外也可利用条石做成嵌草路面。（图 2-13 ~ 图 2-15）

（5）防水地面构造

在装饰装修工程中，室内的某些特殊使用空间地面需要做防水处理的，如盥洗室、浴室、厨房、卫生间等。这些地面都和水有关，主要是防止地面受潮后造成漏水或渗水隐患。

防水地面做法有多种，常用的方法是在地面或楼面找平层之上，铺设改性沥青涂膜防水卷材或涂聚氨酯涂层，并且在上面做 20mm 厚的 1 ： 3 水泥砂浆层起到保护作用。

一般建筑的卫生间都做了防水层，但是防水层在重新装修时容易被破坏，要及时修补，以免留下隐患。如果要更换卫生间原有地砖，将原有地砖凿去后，一定要先用水泥砂浆将地面找平，再做防水处理。用聚氨酯防水涂料反复涂刷两到三遍，而且一定要做墙面防水。卫生间洗浴时水会溅到邻近的墙上，所以一定要在铺墙面瓷砖之前，做好墙面防水。一般将整面墙做防水，至少也要做到 1.8 米高。同时注意与淋浴位置邻近的墙面防水也要做到 1.8 米高。 墙内水管凹槽也要做防水，槽内抹灰圆滑，然后凹槽内刷聚氨酯防水涂料。

防水工程做好后还要做 24 小时"闭水试验"。封好门口及下水口，在卫生间地面蓄满水达到一定高度，并做上记号。若 24 小时内无明显下降，特别是楼下住家的房顶没有发生渗漏，防水验收就合格了。

三、木地板地面

木地面是指地面铺设木板而形成的高档地面装修形式。木地面的表面呈现出自然纹理，美观大方，脚感舒适、清洁容易，深受大众喜爱。木地面具有良好的弹性，热导率低，冬暖夏凉，广泛应用于家庭、高档会所、宾馆和舞台。但地板也容易受潮，保养不当会引起变形、开裂和翘曲。木地板分为漆板、素板两种，前者在出厂前就做好了油漆，而后者需要安装完成后再打磨油漆。

木地面的材料主要有实木地板、实木复合地板及复合强化木地板等三类。

1. 实木地板

实木地板采用各类软硬质木材加工而成的，要选择纹理色质统一，无节疤的材料。板材大多采用质地优良的硬杂木，如水曲柳、柚木、核桃木、樱桃木、柞木、榆木等，造价较高。实木地板分条板和拼花两种，条板板厚通常地 15 ~ 25mm 左右，板宽 71 ~ 120mm，板长 910 ~ 1210mm 不等，要视具体厂家而定。这里主要涉及表面的装饰效果，大板效果好，但也更容易变形。

木地板基本构造一般由基层、木龙骨结构层和面层组成，构造方法分为空铺和实铺两种。传统的空铺法多用于首层地面，而楼面层基本是以实铺法为主，因而实铺法应用较多。

（1）空铺

空铺法是一种传统的铺地方法。整个木地面由地垄墙、垫木、木龙骨、木地板（分单双层）等部分组成。为了地面下层的空间有较好通风，通常在地垄墙之间、外墙角处开设通风孔洞，使之能形成一个较为稳定的内部环境，以保护上层的地板地面。木龙骨上常常加铺一层毛地板，两层地板之间需铺两层沥青防水油毡，两层地板的铺设方向应成四十五度或九十度，形成不同的受力方向。空铺是传统的做法，目前此类构造实际运用范围并不大。主要是一些室外地面和舞台地面等。（图2-16）

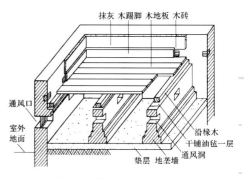

图 2-16　空铺木地面构造

（2）实铺

实铺木地面是将条板直接固定在连接于混凝土楼板的木龙骨上面。木龙骨用打木楔子方法和楼板进行固定。在大面积的公装中，木龙骨需要在混凝土楼板上预埋铁件嵌固，或用镀锌铁丝扎牢。木龙骨为 50×60mm 不等的方木，中距 330 ～ 390mm（一个踏步大小）。可在基层上刷冷底子油和热沥青，龙骨及地板背面需涂防腐剂与防火涂料。企口板应与木龙骨成垂直方向钉牢，钉的长度为板厚的 2 倍，从侧面斜钉，钉帽砸扁。板的接缝要错开，板与墙应留出 10mm 空间，并用踢脚板封盖。双层铺法先在木龙骨上钉一层毛地板，再钉一层企口面板。实铺木地面还有用环氧树脂直接粘贴安装方法，做法就更加简单，小块拼花地板即属此类。（图 2-17、图 2-18、图 2-19）

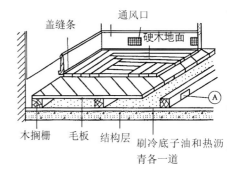

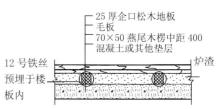

图 2-17　实铺木地面构造

2．实木复合地板

a. 拼花木地面效果

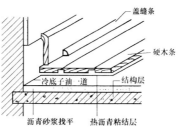

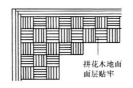

b. 粘贴式拼花木地面构造

图 2-18　粘贴式实铺拼花木地面构造效果

图 2-19　实铺木地面铺设效果

实木复合地板，是将优质实木锯切刨切成表面板、蕊板和底板单片，然后根据不同品种材料的力学原理将三种单片依照纵向、横向、斜向三维排列方法粘贴起来，并在高温下压制成板，这就使木材的异向变化得到控制，不易变形。由于这种地板表面漆膜光泽美观、又耐磨、防霉、防蛀等，而且其价格不比同类实木地板高，目前越来越受到消费者的欢迎。

实木复合地板有三层和多层二种。实木复合地板木纹自然美观，脚感舒适，隔音保温，同时又克服了实木地板易变形的缺点（每层木质纤维相互垂直，分散了变形量和应力），且规格大，铺设方便。但是如果质量差就会出现脱胶，使用中必须重视维护和保养。实木复合地板铺设和实木地板相同。

3. 强化复合地板（浸渍纸层压木质地板）

强化复合地板表面耐磨层的性能优劣取决于耐磨层中的氧化铝含量，表层中可以体现各种木纹及各种电脑设计的效果。

强化复合地板由四层结构组成。第一层是耐磨层，主要由 Al_2O_3（三氧化二铝）组成，有很强的耐磨性和硬度，一些由三聚氰胺组成的强化复合地板无法满足标准的要求。第二层是装饰层，是一层经密胺树脂浸渍的纸张，纸上印刷有仿珍贵树种的木纹或其他图案。第三层是基层，中密度或高密度的层压板，基本材料是木质纤维，有一定的防潮、阻燃性能。第四层是平衡层，它是一层牛皮纸，有一定的强度和厚度，并浸以树脂，起到防潮防变形的作用。（图 2-20）

强化复合地板铺设大多采用悬浮法，只需要在平整干燥的基层上先铺一层专用地垫，然后再铺强化复合地板。多数情况下厂家会负责地板安装。

四、卷材地面

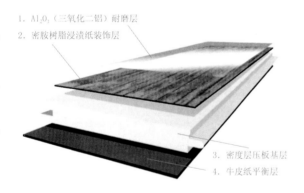

1. Al_2O_3（三氧化二铝）耐磨层
2. 密胺树脂浸渍纸装饰层
3. 密度层压板基层
4. 牛皮纸平衡层

a. 复合地板分层构造

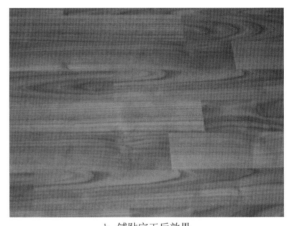

b. 铺贴完工后效果

c. 复合地板收口构造

图 2-20 强化复合地板防水、耐磨、美观、实用

卷材地面主要包括塑料地面和地毯地面两类。

1. 塑料地面

塑料地面装饰效果好，色彩鲜艳，施工简单，有一定弹性，脚感舒适。塑料地板柔韧性好，不易断裂，耐磨、耐腐、绝缘性好，但它也有不耐高热、受压后产生凹陷、易留痕、易老化等缺点，行走时间长了也会失去光泽。塑料地面难能可贵的一点，就是没有噪音，很多办公场所都采用高档一点的塑料地板装饰地面。

塑料地面分为软质及半硬质两类，是选用人造合成树脂聚氯乙烯为主要胶结材料，配以增塑剂、填充料、掺杂颜料等，经高速混合、塑化、辊压或层压成型。聚氯乙烯塑料地面品种繁多，结构有单层和多层复合之分。

图 2-21 脚感舒适没有噪音的塑料地面

软质塑料地板是卷材形式，铺装时用刀切割拼成需要的尺寸、图案。半硬质塑料地板外形以正方形及长方形块材为主。塑料地板可用胶黏剂，贴在基层上，胶黏剂也有多种，如溶剂性氯丁橡胶黏结剂、聚醋酸乙烯黏结剂（白乳胶）、环氧树脂黏结剂等。铺贴要求地面平整干燥，接缝采用拼接，先要将边切成斜口，用三角形塑料焊条和电热焊枪进行焊接。（图 2-21）

2. 地毯地面

地毯有天然地毯和合成纤维地毯两类：天然地毯是指羊毛地毯，柔软，温暖、富有弹性，但价格也高；合成纤维地毯包括丙烯酸地毯、聚丙烯纤维地毯、聚丙纤维地毯等，实用性较强。地毯是一种高级地面装饰材料，具有吸音、隔音、蓄热好、色彩图案丰富，给人以华丽高雅之感。地毯在使用过程中，极易被虫、菌污染引起霉烂，所以要及时保养与维护。地毯内部结构形式如图 2-22 所示。

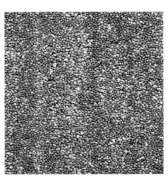

a. 圈绒地毯　　　　　　b. 剪绒地毯　　　　　　c. 圈剪绒结合地毯

图 2-22 各种形式的地毯

地毯地面铺装方法有两种，不固定式和固定式。既可满铺又可以局部铺。不固定式是将地毯拼接成整片后直接摊铺在地上，不与地面粘贴，沿墙修齐即可。固定式铺法有倒刺板安装和粘贴安装两种。粘贴安装法是用专用黏结剂将地毯背面四周与地面粘贴住。倒刺板安装是在房间四周地面安装好带有小钩的倒刺板，再在地面铺一层海绵类垫层，地毯背面就固定在倒刺板上，这种铺法比较牢固。（图 2-23）

局部铺装一般用粘贴法，还是在背面四周与地面粘贴住。另一种是用铜钉在四周与地面固定。总之要根据装饰工程需要来决定。（图 2-24）

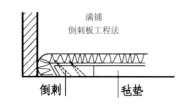

满铺
倒刺板工程法

倒刺　　毡垫

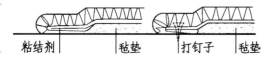

中铺

黏结方法　　打钉子方法

粘结剂　　毡垫　　打钉子　　毡垫

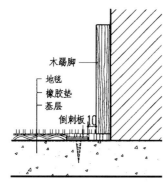

木踢脚
地毯
橡胶垫
基层
倒刺板

图 2-23 地毯铺设方法和收口构造

图 2-24 局部地毯铺设效果

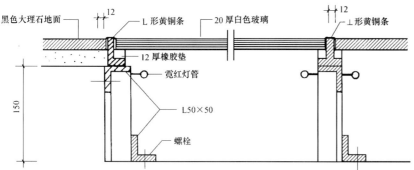

黑色大理石地面　　12　　L 形黄铜条　　20 厚白色玻璃　　12　　⊥形黄铜条
150
12 厚橡胶垫
霓红灯管
L50×50
螺栓

图 2-25 发光楼地面的内部构造

图 2-26 发光楼地面装饰效果

第三节　特殊地面装饰构造

一、发光地面构造

发光地面在一些需要美化的局部空间运用较多，如舞台、演播空间及一些局部地面重点装饰部位。面层透光板材常用钢化夹层玻璃，双层中空钢化玻璃等。中间架空一般采用钢结构支架，侧面预留180mm×180mm 的散热孔，并加装铁丝网，以防耗子之类破坏。灯具应选用冷光源灯具，以免产生大热量破坏玻璃面层。（图 2-25、图 2-26）

二、活动夹层地板

活动夹层地板具有抗静电性能，配以缓冲垫、橡胶条及可调节的金属支架，安装和维修极为便利。板下空间可用于敷设管道。活动夹层地板常用于对静电有限制要求的空间，如计算机房等地。我们只要了解夹层地板的规格尺寸、标高及施工方法，因为这都是常规做法，没必要在图纸上画出来。活动夹层地板的安装由供货商负责。（图 2-27）

第四节　地面特殊部位装饰构造

一、踢脚板装饰构造

踢脚板又称"踢脚线"，它是与地面与墙面交接的部分，是重要的构造节点。它的高度一般为 100 ~ 150mm，所用的材料与地面的材料基本相同，并与地面一起施工。材料有水泥砂浆、水磨石、木材、石材等。踢脚线有两个作用：一是装饰作用；二是保护作用。有的工程粗看似乎没有做踢脚线，实际上还是做了隐形踢脚线的，只是在外观上看不出来。

在设计中，顶角线、腰线、踢脚线都起着视觉的平衡作用。利用它们的线形及材质、色彩等感觉在室内相互呼应，可以起到较好的装饰美化效果。踢脚线的另一个作用是它的保护功能。踢脚线，顾名思义就是脚踢得着的区域，所以较易受到冲击。做踢脚线可以更好地使墙体和地面之间结合牢固，避免因外力碰撞造成破坏。另外，踢脚线也容易清洁，擦洗方便。踢脚线交接处理构造如图 2-28 所示。

二、地面各种材质交接处构造

不同材质地面之间的交接处，应采用坚固材料做边缘构件，如硬木、铜条、铝条等做过渡交接处理，避免产生起翘或不齐现象。常见不同材质地面交接处理构造如图 2-29 所示。

作业与要求：

一、简答题

1. 简述楼地面的基本构造层次。

2. 楼地面装饰有哪些功能性作用？

3. 大理石为何不用于室外地面装饰？

4. 块材式地面有何构造特点？

二、楼地面装饰构造设计与表达实训

1. 实训目的

通过练习，掌握楼地面基本的装饰构造设计及表达方法。能根据各类楼地面的特点及功能要求，确定选用何种材料和构造类型，能够正确地表达各种类型构造的装饰施工图。

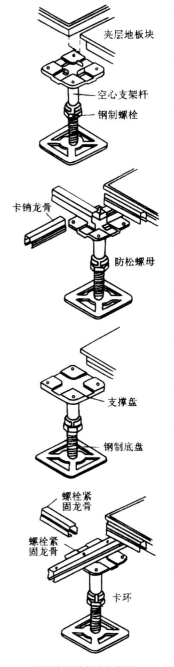

a. 活动夹层地板效果

夹层地板块
空心支架杆
钢制螺栓
卡销龙骨
防松螺母
支撑盘
钢制底盘
螺栓紧固龙骨
螺栓紧固龙骨
卡环

b. 活动夹层地板支架构造

图 2-27 活动夹层地板内部构造及效果

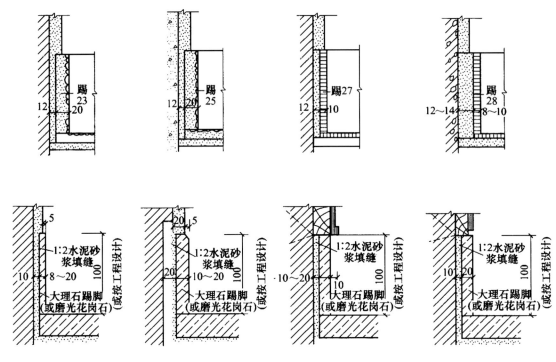

图 2-28 块材类地面踢脚构造

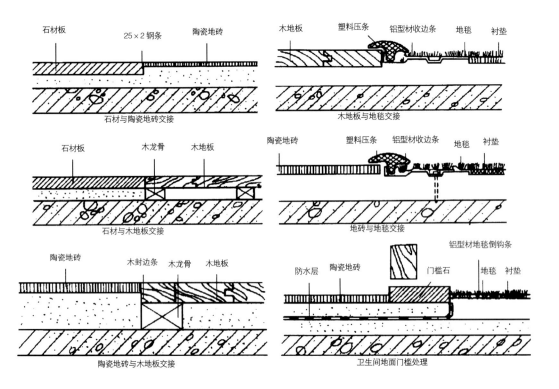

图 2-29 不同材质地面交接处理构造

2. 实训条件与设备

教师提供某一居室户型平面示意图，根据空间划分和各房间的使用功能，确定其楼地面材料，并根据材料设计构造类型。要求选用天然石材或人造石材、地砖、实木或复合木地板，板材规格及拼图自定。

自备相关绘图工具（绘图板、丁字尺、三角尺、比例尺、擦线板、绘图笔、A3图纸等）。

3. 实训内容及步骤

内容：

（1）根据空间绘制平面布置图，楼地面铺设图，要求通过不同的装饰符号表示区分出楼面拼花、材料等。

（2）要求绘制各种装饰构造的剖面图、大样详图。

（3）各部位细部的节点详图（踢脚、踏步、界面或材质交接处等）。

（4）表达要求符合规范，符合国家制图标准。

步骤：

（1）收集相关资料，分析同类装饰工艺的基本构造。

（2）根据所给条件和要求，有针对性的提出问题、分析问题，并找出解决问题的方法。

4. 实训课时安排（2学时 + 课外0.5周）

课时安排由三部分组成：

（1）前期：统一分析、讨论问题，提出方案，完善方案。课堂时间完成。

（2）中期：继续完善方案，并根据方案绘制装饰构造施工图。课堂或课后时间完成。

（3）分析、讲评、总结。课堂时间完成。

5. 预习要求

（1）收集相关资料，分析同类装饰工艺的基本构造。

（2）实训室观摩了解楼地面装饰的各种装饰工艺与构造。

附：学生作业举例（图2-30）

作业点评：

图2-30所示这幅作品从整体而言，制图比较认真，尽管还存在一些不足，但基本达到作业的效果。缸砖地面缺一防水处理，客厅石材铺装效果还可以做得更好一些。没有列出拼花地板粘贴构造。制图应该更精确和规范。

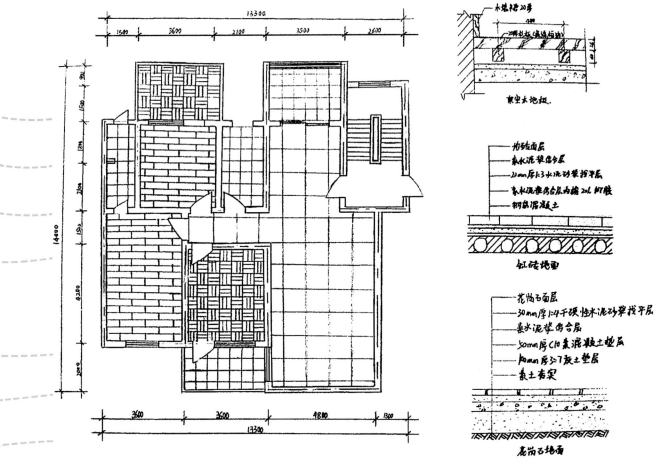

图 2-30 学生作业

第三章　墙面装饰构造

学习目标：了解室内外各种不同类型的墙面装饰构造，掌握墙面装饰的选材、构造特点及做法要求。能根据空间界面的功能及设计要求选择适当的材料和设计构造施工做法。熟练绘制室内外空间立面装饰施工图、节点构造图。

学习重点：1.块材墙面装饰构造做法；2.镶板类墙面构造做法；3.软包饰面装饰做法；4.墙面装饰立面施工图绘制。

学习难点：不同类型的墙面装饰材料选择与搭配，室内立面施工图、构造节点图绘制。

第一节　概述

墙体属于建筑物的围护构件，也是建筑物室内三大主界面之一。它能够对室内外空间起到分隔和围护的作用。墙体立面以垂直的形式出现，处在人的最佳视觉范围内，因此，墙面的装饰装修构造对室内外空间设计的影响很大。

一、墙面装修的类型及其构造层次

1. 墙面装修的类型

墙体按其在建筑中的所处的位置、受力情况及材料的不同，可以分成多种类型墙体。墙体有外墙和内墙、纵墙和横墙区别。外墙是房屋外围护的墙体，要能承受风、霜、雨、雪的侵害，保护室内良好的空间环境。内墙处在建筑室内，可用来对内部空间进行分隔和划分。纵墙是沿建筑长向布置的墙体，也有内纵墙和外纵墙之分，横墙是沿建筑物短向布置的墙体，有内横墙和外横墙之分，横向外墙也称为山墙。

墙面装修包括内墙饰面和外墙饰面两大部分。根据所用的材料、构造方式及施工工艺的不同可以分为六大构造类型。他们分别是：抹灰墙面、涂刷类墙面、块材类墙面、镶板类墙面、卷材类墙面。

2. 墙面装修的构造层次

墙面装修的构造一般分为基层和饰面层两部分。

（1）基层

墙体饰面装修是在建筑主体完工之后进行的，装修饰面层必须依附于墙体结构之上。因此，基层包括了墙体本身和固定在墙上用来支托饰面层的结构构件或骨架。如内墙和外墙、做护墙板的龙骨骨架等。所以，基层有实体基层和骨架基层的区别。

（2）饰面层

饰面层是覆盖在基层表面的装饰层，所有的装饰效果都要通过它来表现。正像我们所了解的那样，装修的基层注重的是墙体自身结构和与饰面层连接关系，而饰面层却主要注重外观的质感效果。通常我们把饰面层所使用的材料名称作为该墙体装修种类的命名。如面层材料为木质饰面板的，我们称之为木护壁或木墙裙工程；面层材料为大理石或花岗岩的我们就称之为大理石或花岗岩墙体工程。

二、墙面装修的功能

1. 保护墙体

墙面装修的一个重要的功能就是保护墙体，给建筑物提供长久的保护。在室外，外墙是房屋的外围护墙体，我们可以给墙体穿上件"外衣"，用水泥砂浆做抹面，也可贴外墙瓷砖，干挂花岗岩石板等。这样做就能减轻外界的气候环境对建筑物的侵蚀，提高构配件对各种不利因素如风、雨水、雷电、酸、碱、氧化、风化的抵抗能力。避免外力作用直接对建筑物的磨损和破坏，从而延长建筑的使用寿命。

内墙面虽然不会直接受到外力的侵害，但在使用过程中还是会受到各种不利因素影响的。人长期在室内活动，不可避免地要接触墙体，久而久之会造成墙体磨损。特别是墙体的阳角部分，很容易受到物件的撞击而损坏。厨房及卫生间的墙体会因湿度高而导致损坏。这些地方都必须采取特殊的措施进行保护。

2. 改善室内空间的物理环境，满足使用需求

墙面装修不仅能保护建筑物，而且能在一定程度上改善室内空间的物理环境，满足大众更高的生活需要。外墙增设保温层就能起到保温、隔热的作用，室内能达到恒温效果，减少了冬夏季空调的消耗。门窗采用新型断桥隔热铝合金框加中空玻璃构造技术，不仅保温、隔热，也能隔音。减少大面积玻璃幕墙的使用，也是节约能源的一个因素。在室内要考虑对声波的反射与吸收、紫外线对室内材质的影响等。

当前，节约能源是现代社会发展过程中的大事，国家相关部门也出台了一些强制性规范措施。室内物理环境的改善不仅能节约能源，也能切实提高人们居住水平，利国利民。

3. 美化室内外环境

墙面的装饰和美化，可以改善生活环境，满足人们生理及心理方面的需要。建筑的立面是人的视觉所能感知的一个主要的面。建筑物外立面是建筑本身造型具体体现，构成了优美的城市风光。而室内空间无论造型、色彩、图案、肌理、质地等，都不同程度地在心理上给人以愉悦感。墙面和顶棚、地面三大界面协调一致，共同构成室内的环境背景，对家具和陈设起到良好的衬托作用。墙面的装饰处理，对烘托气氛、美化环境及体现室内外装修风格有着十分重要的现实意义。（图3-1）

a. 南京长发中心建筑群立面造型　　b. 富有民国特色风情的南京1912街区

c. 苏博新馆的设计来源于对古典园林的另一种解读　　d. 宾馆墙面装修对家具有明显衬托作用

图 3-1 造型各异的建筑立面构成了城市优美的风景线

第二节 抹灰墙面构造

抹灰墙面是最基本的装饰手段,广泛应用于室内及室外墙面的基层或外表。抹灰墙面采用各种水泥砂浆、石灰砂浆、混合砂浆、石膏砂浆、水泥石碴砂浆等做成的饰面抹灰层。它可直接作为饰面使用,也可作为其他饰面装修的基层。抹灰饰面的优点是取材容易、施工方便、造价低廉等。缺点是劳动强度高、湿作业量大、耐久性差高污染。

一、抹灰饰面工程的主要材料

1. 胶结材料

(1)水泥

水泥的品种很多,常用的有硅酸盐水泥、普通硅酸盐水泥、矿渣硅酸盐水泥、粉煤灰硅酸盐水泥等。这些品种的水泥,都是在水泥中掺杂了其他的材料混合而成。还有一些专用水泥,如装饰工程中常用的白水泥,是白色硅酸钙为主要原料,加入适量石膏及其他材料混合粉磨而成。当水泥掺水调成水泥浆后,水泥中矿物质和水很快产生化学反应,水泥的强度逐步提高,直到变成坚硬的"水泥石",水泥这种特殊地化学反应过程,被称为"硬化"。

(2)石灰

石灰是一种无机胶凝材料,按使用状态可分为生石灰、熟石灰及石灰膏。生石灰加水就变成熟石灰,加较多的水就成了石灰膏。石灰膏硬化过程比较长,能长久保持湿润,所以其和易性好,在装饰工程中应用广泛。

(3)石膏

常见的石膏主要有建筑石膏、模型石膏、地板石膏和高硬石膏。建筑石膏简称"石膏",是生石膏在高温下煅烧成粉末,其主要成分为半水石膏,适用于室内的保温、隔热及防火饰面。

(4)水玻璃

水玻璃为钠、钾的硅酸盐水溶液,是一种无色或灰白色黏稠溶液。水玻璃有较高的耐酸性和良好的黏结强度。常用来配制特种砂浆。主要用于耐酸、耐热、防火等饰面工程。

2. 骨料

骨料分为粗骨料和细骨料,粗骨料一般为石子,细骨料为沙子。骨料是为了增强砂浆的强度和附作力。骨料顾名思义就是混凝土的骨架,如全用水泥,强度就会降低。

(1)沙子

沙子分为普通砂和石英砂两种。普通砂是在自然条件下形成的,有山砂、河沙、海砂等。它是岩石经自然风化后形成的大小不等的颗粒。沙子可分为粗砂(粒径 0.5mm 以上)、中砂(粒径 0.35 ~ 0.5mm)、细砂(粒径 0.25 ~ 0.35mm)三种。石英砂常用于配制耐腐蚀的砂浆。

(2)石子

石子又称"石碴",它是天然大理石、花岗岩、白云石等材料加工而成。色泽自然,是装饰抹灰中常用材料,可制作水磨石、水刷石、干粘石等。

(3)膨胀珍珠岩

膨胀珍珠岩是由酸性火山玻璃质熔岩(珍珠岩)经破碎,筛分至一定粒度,再经预热,瞬间高温焙烧而制成的一种白色或浅色的优质绝热材料。其颗粒内部是蜂窝状结构、无毒、无味、耐酸、耐碱。其特点是重量轻、绝热及吸音性能好，价格低廉，使用安全方便。以水泥、石灰膏、石膏作胶结料拌制成各种灰浆，用于内墙、平顶粉刷，现场浇捣珍珠岩混凝土，作为屋面绝热材料或制作轻质复合墙板，空心隔墙板等建筑材料。经特殊加工后，还可制成吸附、过滤剂及土壤改良剂。

（4）彩色瓷粒

彩色瓷粒是由石英、长石、瓷土为主要原料烧制而成，色泽艳丽多样，可替代石碴做外墙的饰面。

3. 纤维材料

纤维材料在抹灰中可提高抹灰工程的抗拉强度，使抹灰层不开裂和剥落。

（1）麻刀是 20 ~ 30mm 的细麻丝。

（2）纸筋是由粗草纸泡制，分干和湿两种。

（3）玻璃纤维是将 1cm 长的玻璃丝，与石膏搅拌成玻璃丝灰。

4. 颜料分为有机的和无机的，有机的色泽好，但强度不高。无机的遮盖力强，耐光性好但色泽一般。

5. 其他材料

（1）108 胶是建筑工程中广泛使用的一种有机聚合物，它可以大大提高水泥砂浆的黏结强度，减少开裂和脱落。同时能提高水泥砂浆的保水性。

（2）白乳胶（聚醋酸乙烯乳液）。它有较好的耐水防潮性能黏结性能。可大大提高水泥砂浆的黏结强度，减少开裂和脱落。

（3）甲基硅酸钠是一种憎水剂，它的防水机理与常规防水剂不同，它能与空气中的二氧化碳反应，在基材表面形成一层防水透气膜，有优良的防水效果，具有施工简单，造价低，效果持久，耐刷洗，耐高低温（-50℃ ~ 150℃）等特点。适用于地面、内外墙防水、防霉、厨房防油烟，地下室、仓库的防潮，卫生间、混凝土结构防渗等。

6. 常用砂浆的种类及配料

（1）素水泥浆是由水泥和水（按一定配合比）拌和而成；

（2）水泥砂浆是由水泥、沙子和水（按一定配合比）拌和而成；

（3）石灰砂浆是由石灰膏、沙子和水（按一定配合比）拌和而成；

（4）混合砂浆是由水泥、石灰膏、沙子和水（按一定配合比）拌和而成；

（5）纸筋石灰浆是由石灰膏、纸筋和水（按一定配合比）拌和而成；

（6）麻刀石灰浆是由石灰膏、麻刀和水（按一定配合比）拌和而成。

二、抹灰饰面构造及类型

1. 抹灰饰面工程的类型

抹灰饰面按所用材料和施工方式分为一般抹灰和装饰抹灰。

（1）一般抹灰就是用各种砂浆抹平墙面，是一种传统的做墙方式。一般抹灰经过粉刷后可以得到很好的装饰效果，使用范围较广。一般抹灰分为三级：高级抹灰、中级抹灰、普通抹灰。

（2）装饰抹灰是用不同的操作手法，形成不同的外观质感效果的抹灰饰面层次。它的构造做法主要有水刷石、干粘石、斩假石、拉毛灰等。

2. 抹灰饰面的构造

为了避免抹灰饰面发生龟裂、脱落等现象，抹灰饰面工程通常要分层施工，每层不宜太厚。太厚就容易龟裂和脱落。抹灰饰面的构造层次分为三层，即底层、中间层、饰面层。

（1）底层

作用是保证饰面层与墙体连接牢固及饰面层的平整度。不同的基层，底层的处理方法也不同。砖墙面一般用水泥砂浆、混合砂浆做底层，厚度10毫米左右。轻质砌块墙体先在墙面上涂刷一层107胶封闭基层，再做底层抹灰。装饰要求高的墙面，还应满钉细钢丝网片再做抹灰。混凝土墙体做底层之前对基层进行处理，除去油垢、再将墙面凿毛、甩浆划纹等。

（2）中间层

作用是找平与黏结，弥补底层的裂缝。根据要求可分一层或多层，用料与底层基本相同。厚度一般在5～12mm。

（3）饰面层

饰面层作用是装饰。要求饰面平整、色彩均匀、无裂纹，可做成光滑和粗糙等不同质感。厚度一般在2～5mm。抹灰的分层构造如图3-2所示。

高级抹灰是由一层底灰，数层中间层和一层面层组成，总厚度在25mm左右。中级抹灰是由一层底灰，一层中间层和一层面层组成，总厚度在20mm左右。普通抹灰是由一层底灰和一层面层组成，总厚度在18mm左右。高级抹灰适用于大型公共建筑、纪念性建筑及有特殊功能要求的高级建筑。中级抹灰适用于一般住宅、公共建筑、工业建筑及高级建筑物中的附属建筑。普通抹灰适用于简易住宅、临时房屋及辅助性用房。一般抹灰饰面做法如图3-3所示。

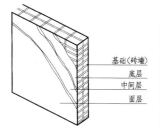

抹灰名称	底层		面层		应用范围
	材料	厚度/mm	材料	厚度/mm	
混合砂浆抹灰	1:1:6 混合砂浆	12	1:1:6 混合砂浆	8	一般砖、石墙面均可选用
水泥砂浆抹灰	1:3 水泥砂浆	14	1:2.5 水泥砂浆	6	室外饰面及室内需防潮的房间及浴厕墙裙、建筑物阳角
纸筋麻刀灰	1:3 水泥砂浆	13	纸筋灰或麻刀灰玻璃丝罩面	2	一般民用建筑砖、石内墙面
石膏灰罩面	(1:2)～(1:3) 麻刀灰砂浆	13	石膏灰罩面	2～3	高级装修的室内顶棚和墙面抹灰的罩面
水砂面层抹灰	(1:2)～(1:3) 麻刀灰砂浆	13	1:(3～4) 水砂抹面	3～4	较高级住宅或办公楼房的内墙抹灰
膨胀珍珠岩灰浆罩面	(1:2)～(1:3) 麻刀灰砂浆	13	水泥:石膏灰:膨胀珍珠岩=100:(10～20):(3～5)（质量比）罩面	2	保温、隔热要求较高的建筑的内墙抹灰

图 3-2 抹灰的分层构造　　图 3-3 一般抹灰饰面做法

3. 一般抹灰饰面的细部构造

（1）分格条（引条线、分块缝）

室外抹灰由于墙体面积较大、手工操作不均匀，加之材料调配不准确、气候条件等影响，易产生材料干缩开裂、色彩不匀、表面不平整等缺陷。为此，对大面积的抹灰，用分格条（引条线）进行分块施工，分块大小按立面线条划分而定。分格条除方便施工外也可以丰富建筑的立面效果，使立面获得良好的尺度感、造型美感。

室外抹灰构造做法是底层抹灰后，固定引条，再抹中间层和面层。引条所使用材料有木引条、塑料引条、

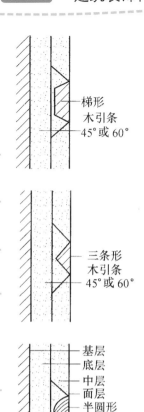

铝合金引条（宽度 20mm）等。构造形式有凸线、凹线、嵌线。分格条构造形式做法如图 3-4、图 3 – 5 所示。

（2）护角构造

室内抹灰多采用吸声、保温蓄热系数较小，较柔软的纸筋石灰等材料作面层。这种材料强度较差，室内突出的阳角部位容易碰坏，因此，在内墙阳角、门洞转角、砖柱四角等处用水泥砂浆或预埋角钢做护角。用高强度的 1 ∶ 2 水泥砂浆抹弧角。做护角高度应高出地面 1800mm 以上，每侧的宽度不得小于 50mm。当室内抹灰采用水泥砂浆时，可不做护角。内墙抹灰护角构造。（图 3-6）

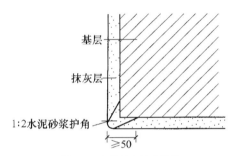

图 3-6 内墙抹灰护角构造

图 3-4 分格条构造形式做法　图 3-5 外墙分格条装饰效果

4. 装饰抹灰饰面的构造

装饰抹灰是利用材料的特点及工艺处理，使抹灰面具有不同的质量、纹理和色彩效果的抹灰类型。装饰抹灰既能保持与一般抹灰相同的功能，又能使墙面获得独特的装饰效果和艺术风格。装饰抹灰与一般抹灰的做法大致相同，所不同的是装饰抹灰的面层更加具有装饰性。

（1）聚合物水泥砂浆喷涂、滚涂、弹涂饰面

聚合物水泥砂浆是在普通砂浆中掺入适量的有机聚合物，改善原来材料性能。如：掺入聚乙烯醇缩甲醛胶（107 胶）、聚醋酸乙烯乳液等。成分：白水泥、砂、107 胶，1 ∶ 2 ∶ 0.1，再掺入适量的木质素磺酸钙；另一种是普通水泥、石灰膏、砂、107 胶，1 ∶ 1 ∶ 4 ∶ 0.2，再掺入适量的木质素磺酸钙。要求配比正确，颜色均匀，稠度符合要求。

喷涂饰面用喷斗将聚合物砂浆喷到墙体表面，效果有波纹状和粒状。（图 3-7）

图 3-7 聚合物水泥砂浆喷涂效果

滚涂饰面用聚合物砂浆抹面后立即用特制的辊子滚压出花纹，再用甲醛硅酸钠疏水剂溶液罩面。滚涂分为干滚和湿滚。干滚压出的花纹印痕深，湿滚压出的花纹印痕浅，轮廓线型圆满。

弹涂饰面在墙体表面刷一遍聚合物水泥色浆后，用弹涂分几遍将不同色彩的聚合物水泥浆，弹在已涂刷的涂层上，形成 3 ~ 5mm 的扁圆形花点，再喷罩甲醛硅树脂或聚乙烯醇缩丁醛酒精溶液而成。

（2）水泥砂浆和水泥石灰砂浆饰面

拉毛饰面一般采用普通水泥掺入适量石灰膏的素浆或掺入适量砂子的砂浆，用棕刷进行小拉毛或用铁抹子进行大拉毛。做法：先用水泥石灰砂浆分两遍打底，再刮一道素水泥浆，用水泥石灰砂浆拉毛。除水泥石灰砂浆拉毛外，还有油漆拉毛。拉毛装饰效果较好，但工效低，易污染。（图3-8）

a. 水泥石灰砂浆拉毛

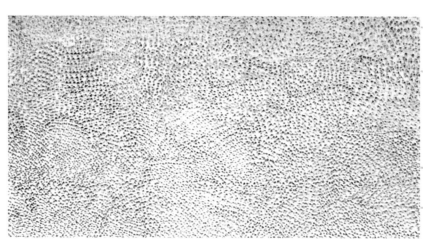
b. 水泥砂浆拉毛

图 3-8 水泥石灰砂浆拉毛饰面

甩毛饰面是将面层灰浆用工具甩在墙面上。做法是先抹一层厚度为 13 ~ 15mm 的水泥砂浆底子灰，待底子灰达到五六成干时，刷一遍水泥浆或水泥色浆作为装饰衬底，然后面层甩毛。

喷毛饰面是将水泥石灰膏混合砂浆用挤压喷浆泵连续均匀喷涂于墙体表面。

搓毛饰面是用水泥石灰砂浆打底，再用水泥石灰砂浆罩面搓毛。装饰效果不如甩毛和拉毛，适用于一般装饰。

（3）水泥石碴砂浆饰面

假面砖饰面是用彩色砂浆抹成相似于面砖分块形式与质感的装饰饰面。做法有两种，一种是抹 3 ~ 4mm 厚的彩色水泥砂浆面层，待抹灰收水后，用铁梳子靠着尺板按块状划出沟纹。另一种是用铁辊滚压刻纹。饰面效果较好，与面砖效果几乎相同。

斩假石饰面是以水泥石碴浆作面层，待凝结硬化后，用斧子或凿子在面层上剁斩出石雕的纹路即成。按其质感分为主纹剁斧、棱点剁斧和花锤剁斧三种。这种饰面质朴素雅、美观大方，装饰效果好，但手工量大，一般用于重点部位的装饰。做法是 15mm 厚水泥砂浆打底；刷一遍素水泥浆，即抹 10mm 厚水泥石碴浆（可掺入颜色）；剁斩面层，在阴阳转角处和分格线周边留 15 ~ 20mm 左右不剁斩。

水刷石饰面是采用水泥石碴浆抹面，干后用水冲去水泥浆，半露石碴的饰面做法。构造做法是 15mm 厚水泥砂浆打底刮毛，刮一层 1 ~ 2mm 厚的薄水泥浆，抹水泥石碴浆，半凝固后，用喷枪、水壶喷水或硬毛刷蘸水，刷去表面的水泥浆，使石子半露。施工时要将墙面用引条线分格，也可按不同颜色分格分块施工。用于外墙面装饰。（图3-9）

干粘石饰面是将彩色石粒直接粘在砂浆层上的饰面做法。比水刷石节约材料，且功效高。构造做法是12mm厚水泥砂浆打底，扫手或划出纹道。中层用6mm厚水泥砂浆，面层为黏结砂浆，面层抹平后，立即开始用拍子和托盘甩石粒，待砂浆表面均匀粘满石碴后，用拍子压平拍实。

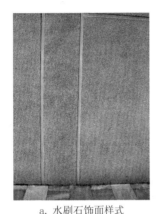

a. 水刷石饰面样式   b. 水刷石局部

图 3-9 水刷石饰面效果

第三节　涂刷类墙面构造

一、涂料饰面的构造做法

建筑的内外墙采用涂刷类材料做饰面，是各种饰面装饰中最为简便的一种装饰手法。它用料省、自重轻、工期短、造价低，维护更新方便，被广泛应用于各种档次装修中。

目前，发展最快的是各种涂刷材料。建筑涂刷材料的品种繁多，根据主要饰面材料的种类，可将涂刷类饰面分为涂料类饰面和油漆类饰面。按涂装部位材质的不同，可分为墙漆、木器漆、金属漆。墙漆有内墙涂料和外墙涂料。墙漆主要是乳胶漆，乳胶漆是水性涂料，常见的品种有立邦、多乐士、天祥漆等；木器漆多为油性涂料，分为清漆和色漆等，主要有硝基清漆、聚酯漆、聚氨酯漆；金属漆主要指防锈漆。

涂料墙面的构造做法分底层、中间层、面层三个部分。

1. 底层

俗称刷底漆，其主要作用是增加涂层与基层之间的黏附力，进一步清理基层表面的灰尘，使一部分悬浮的灰尘颗粒固定于基层。底层涂层还具有基层封闭剂（封底）的作用，可以防止灰尘、水泥砂浆抹灰层中的可溶性盐等物质渗出表面，造成对涂饰饰面的破坏。

2. 中间层

中间层是整个涂层构造中的成型层。其作用是形成具有一定厚度的、匀实饱满的涂层，达到保护基层和形成所需的装饰效果的目的。中间层的质量好坏可以影响到涂层的耐久性、耐水性和强度。近年来常采用厚涂料、白水泥、砂粒等材料配制中间层的涂料。

3. 面层

面层的作用是体现涂层的色彩和光感，提高饰面层的耐久性的耐污能力。为了保证色彩均匀，并满足耐久性、耐磨性等方面的要求，面层最低限度应涂刷两至三遍。一般来说油性漆比溶剂型涂料的光泽度普遍要高一些。

二、外墙涂料饰面的构造

建筑的外墙常采用彩色涂料来装饰，给人以清新、淡雅的感觉，装饰效果较好。外墙涂料有聚合物水泥涂料，乳液型涂料等。

三、内墙涂料饰面构造

内墙涂料有合成树脂乳液，俗称合成树脂乳胶漆。合成树脂乳液砂壁状建筑涂料，俗称彩砂乳胶漆。复层建筑涂料，俗称复层浮雕花纹涂料。浮雕类涂料具有强烈的立体感，用染色石英砂、云母粉等做成的彩砂涂料色质晶莹剔透，厚质涂料经喷涂、拉毛可获得不同的质感花纹。而薄质涂料质感则更加细腻柔和。（图3-10、图3-11）

图 3-10 各式内墙涂料饰面效果

图 3-11 涂料墙面也能营造出高品位空间

四、油漆涂料饰面

油漆涂料是指刷在材料表面能够干结成膜的有机涂料，用它做成的饰面就是油漆饰面。油漆是施工的最后一道工序。油漆可以在材料表面形成一个保护膜，有防水、防潮、防腐的作用；同时，具有透明质感的清漆能让材料表面的天然纹理显示出来，有良好的装饰效果。

调和漆也称混水漆，能够覆盖材质的质感颜色而显示出自己色彩、质感。

聚酯漆的主要原料是聚酯树脂，它干燥快、漆膜较厚，耐磨、耐热、耐酸碱，是比较理想的面层保护材料。

另外油漆工做底子用的腻子材料，是各种粉（滑石粉、涝粉、石膏粉、锌粉）和调和剂（胶水、清水、清漆）以及各种纤维，用量按比例调和而成。用油漆做墙面，要求基层平整、干燥，无任何细小裂纹。

木材面油漆多采用双组分漆，涂刷遍数较多。油漆用于室内，有较好装饰效果，也方便清洁，对材料的保护作用明显。但它对基层要求较高，施工工序繁多，工期也长，涂层耐久性差。随着涂料工业的发展，相信不久的将来能有更好墙面材料出现。

此外，还有一些特种涂料。它们不仅具有保护和装饰作用，还有其他特殊性的作用。如前面一章介绍的防水涂料，主要用于卫生间、厨房等有防水要求的房间。防火涂料可以有效延长材料（木材）的引燃时间，防止结构材料（钢材）出现因表面温度升高而强度降低的现象。木材有防腐涂料，钢材有金属防锈漆等。

第四节　块材类墙面铺贴构造

块材类墙面通常是指将一定规格的块料粘贴到墙体基层上的一种装饰方式。常用的块材有各种人工烧制的砖及陶瓷制品，天然大理石及花岗岩板材。这类块材可用于室内外墙体。饰面层坚固耐用，色泽稳定易清洗，耐腐蚀能防水，装饰效果丰富。

一、清水类饰面

清水类饰面是暴露墙体本身基本材料构造，不增加其他装饰面层，只对缝隙进行处理的装饰方法，其特点是朴素淡雅、耐久性好、不易污染、不易变色和风化。清水类饰面主要有清水砖墙饰面和清水混凝土墙饰面。清水砖墙节约环保，朴素而精致，在国内外一直有大面积的使用。日本建筑大师安藤忠雄的许多作品向人们展现了混凝土的那种与生俱来的气质，有一种返朴归真的感觉。

1. 清水砖墙饰面

清水砖一般使用黏土砖，有青砖和红砖，有时采用过火砖。在生产过程中，烧结的砖块在窑里自然冷却的就是红砖，用淋水的方法强制冷却的就变成青砖。过火砖是在靠近燃料投入口的地方，长时间温度过高而形成的次品砖，但用它做壁炉及清水砖墙反而有一种特殊的效果。清水砖墙面的材料要求质地密实、表面晶化、砌体规整、棱角分明、色泽一致、抗冻性好、吸水率低。黏土砖、缸砖、城墙砖等都是很好的饰面材料。

清水砖墙构造方法是砌筑，多采用每皮顶顺相间（梅花丁）的方式，灰缝要整齐一致，及时清扫墙面。墙面的勾缝采用水泥砂浆，可在砂浆中掺入一定量的颜料，也可在勾缝之前在墙面涂刷颜色或喷色以加强效果，主要目的是让灰缝和砖的色彩进行必要的区分，形成色彩的对比效果。

砌筑砖墙时也可以将砖块有规律的突出或凹陷几厘米的方法，形成一定的线形和肌理，产生一种浮雕感，形成特殊效果。

清水砖墙灰缝形式一般有平缝、凹缝、斜缝、圆弧凹缝等，如图 3-12、图 3-13 所示。缸砖、城墙砖的做法，只要像贴瓷砖那样就可以了。

a. 平缝　　　　b. 凹缝　　　　c. 斜缝　　　　d. 圆弧凹缝

图 3-12 灰缝形式

图 3-13 清水砖墙朴素大方，富有个性

2. 清水混凝土墙饰面

清水混凝土墙饰面是对各种砌块墙体、预制混凝土壁板、滑升模板墙体、大型模板墙体等的墙面装饰。利用混凝土本身的特点再进行装饰，外观朴素大方，有一种自然的质朴之美。

清水混凝土饰面构造方法是利用混凝土本身的质感、线型或水泥和骨料的颜色、质感来装饰墙面。分为清水混凝土和露骨料混凝土两类。混凝土经过处理，保持原有外观质感纹理的为清水混凝土；将表面水泥浆膜剥离，露出混凝土粗细骨料的颜色、质感的为露骨料混凝土。当采用木板做模板时，混凝土表面呈现出木材的天然纹理，自然、质朴。还可用硬塑料做衬模，使混凝土表面呈现凹凸不平的图案。待混凝土凝固、脱模后，可在表面刷涂料或着色，也可通过锤或镐的敲击得到粗糙的表面。

清水混凝土墙饰面效果的好坏，关键在于模板的选择与排列。在模板的设计安装、混凝土配合比和浇注方法上都必须考虑周全，方能达到预期的效果。（图3-14、图3-15）

图 3-14 民国建筑外墙以清水混凝土为主自然朴素　　图 3-15 清水混凝土模板效果

二、贴面砖类饰面

1. 贴面砖类使用材料

外墙面砖要能适应风吹日晒冷热交替的自然环境，要求结构致密，抗风化、抗冻性能力强，同时兼具防水、防火、耐腐蚀等性能。常见的有彩釉砖、劈离砖、彩胎砖、艺术陶瓷砖等，应根据设计要求和具体情况来选择。

彩釉砖是以陶土为原料，经施釉和高温焙烧而成。彩釉砖色彩丰富，结构致密、坚固耐用，常用于外墙装饰。加厚的彩釉砖还可用于室内地面铺贴。劈离砖是以软质黏土、页岩、耐火土为主要原料，加入色料后真空挤压成形，高温烧结而成的。成形时是双砖背联坯体，烧结后再劈离两块砖头。劈离砖表面硬度高，耐磨防滑，厚型砖还被用于广场、公园等公共场所的地面铺装。彩胎砖是一种本色无釉瓷质砖。纹理自然质朴，质地同花岗石一样坚硬耐磨，又称仿花岗石瓷砖。表面经过抛光或高温瓷化处理的彩胎砖又被称为抛光砖、玻化砖。玻化砖光亮如镜，极尽华丽，又兼具防滑功能。艺术陶瓷砖是用陶土高温烧制而成。这种墙面饰材不仅有多变的色彩，而且具有独特的纹样和凹凸不平的立体造型。艺术陶瓷砖赋予陶艺新的表现形体，这种现代的设计手法非常符合人们对装修的审美要求。

内墙面砖主要是以各色釉面砖、彩胎砖为主。釉面砖表面光滑，色泽柔和典雅，坚固耐用，耐酸碱、耐腐蚀，容易清洁。釉面砖属于薄型精陶瓷制品，表面是光滑的釉层，背面是带凹凸纹理的陶质坯土，吸水率高。背面的凹槽可增强与砂浆的连接强度。釉层和坯体的热膨胀系数相差较大，所以釉层容易开裂，故釉面砖一般不在室外使用。

2. 面砖饰面的直接镶贴基本构造

直接镶贴构造由找平层、结合层、面层组成。找平层为底层砂浆；结合层为黏结砂浆；面层为块状材料。用于墙面与面砖之间直接镶贴的材料有陶瓷制品（陶瓷锦砖、釉面砖等）、小块天然或人造大理石、碎拼大理石、玻璃锦砖等。

（1）彩釉砖饰面

一般用于装饰等级要求较高的工程。面砖按特征有上釉的和不上釉的。釉面又有光釉和无光釉两种，表面有平滑和带纹理的。构造做法是，用 15mm 厚水泥砂浆分两遍打底，10mm 厚水泥砂浆掺 107 胶或水泥石灰混合砂浆黏结，面砖铺贴后用水泥细砂浆填缝。外墙面砖粘贴构造如图 3-16、图 3-17 所示。

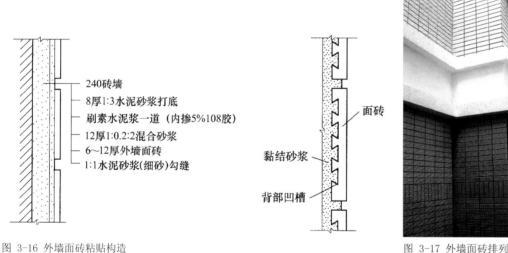

图 3-16 外墙面砖粘贴构造　　　　　图 3-17 外墙面砖排列效果

（2）陶瓷锦砖与玻璃锦砖饰面

陶瓷锦砖又称马赛克。其特点是质地坚硬、经久耐用、色泽多样、耐酸碱、吸水率低等，多用于内外墙面及地面。断面有凹面和凸面，凸面多用于墙面，凹面多用于地面。构造做法是 15mm 厚水泥砂浆打底，2 ~ 3mm 厚水泥纸筋石灰浆或掺 107 胶的水泥浆做结合层，贴马赛克，干后洗去纸皮，水泥浆擦缝。

玻璃锦砖又称玻璃马赛克，它是由小块乳浊状半透明玻璃镶拼而成，具有透明光亮的特征，色彩斑斓，装饰效果好于普通锦砖。构造做法是用 15mm 厚水泥砂浆分两遍抹平并刮糙（混凝土基层要先刷一道掺 107 胶的素水泥浆），抹 3mm 厚水泥砂浆黏结层，即贴玻璃马赛克（在马赛克背面刮一层 2mm 厚白水泥色浆粘贴），水泥浆擦缝。（图 3-18、图 3-19）

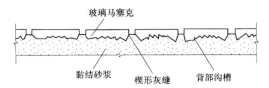

图 3-18 陶瓷锦砖及玻璃马赛克粘贴构造

（3）釉面砖饰面

釉面砖又称瓷砖，多用于需要经常擦洗的墙面。构造做法是水泥砂浆打底；10 ~ 15mm 厚水泥石灰膏混合砂浆或 2 ~ 3mm 厚掺 107 胶的素水泥浆结合层，即贴瓷砖，一般不留灰缝，细缝用白水泥擦平。内墙面砖粘贴构造如图3-20 ~ 图3-23所示。

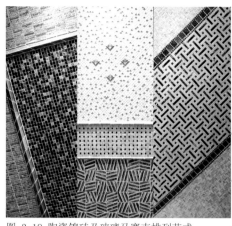

图 3-19 陶瓷锦砖及玻璃马赛克排列花式

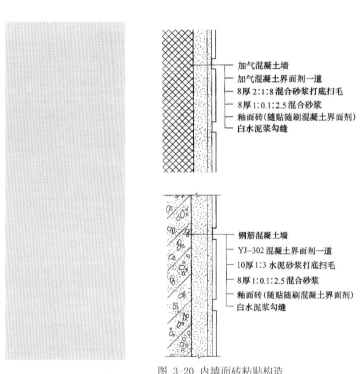

图 3-20 内墙面砖粘贴构造

图 3-23 内墙砖分割装饰效果

图 3-21 内墙面墙砖装饰效果

图 3-22 仿古人造大理石砖装饰效果

（4）小规格贴面板饰面

是指规格在 300mm×300mm×20mm 的小块天然石材、陶板、碎拼石板、水磨石板等。粘贴方法与面砖粘贴方法相同，但要将大理石板边刻槽扎钢丝，在水磨石背面埋 24 号铅丝，伸出 40～60mm 长埋入 10～12mm 厚的黏结砂浆内。

（5）人造大理石板饰面

按所用材料和生产工艺不同分为四类：聚酯型人造大理石、无机胶结型人造大理石、复合型人造大理石、烧结型人造大理石。构造固定方式有：水泥砂浆粘贴、聚酯砂浆粘贴、有机胶粘剂粘贴、贴挂法。聚酯型人造大理石可用水泥砂浆、聚酯砂浆、有机胶粘剂。

烧结型大理石粘贴构造与釉面砖相近。用 12～15mm 厚水泥砂浆作底层，2～3mm 厚掺 107 胶的水泥砂浆黏结。无机胶结型人造大理石和复合型人造大理石粘贴方法按板厚而异。8～12mm 厚为厚板，4～6mm 厚为薄板。薄板粘贴构造是用水泥砂浆打底，水泥石灰混合砂浆或 107 胶水泥浆作黏结层，镶贴大理石板。厚板是采用聚酯砂浆粘贴，或聚酯砂浆作边角粘贴和水泥砂浆作平面粘贴相结合的做法，可以节约用材。当人造大理石板规格尺寸较大时，就应采用贴挂式构造，这样更加安全可靠。贴挂类构造将在下节中介绍。

三、石材类饰面

1. 贴挂类饰面的基本构造

贴挂类饰面是指采用钢筋网加灌浆法，钢制锚固件将石材固定在墙面上的饰面工程。

天然大理石花岗石，质地坚硬、色泽纹理丰富，属高档石材。用其作饰面装饰显得富丽堂皇，雍容华贵。此类石材板材厚度较大，尺寸规格较大，镶贴高度较高，应以贴挂相结合的方式制作。主要做法有贴挂法（贴挂整体法也称湿挂法）、干挂法（钩挂件固定法）。

贴挂法基本构造层次包括基层、浇注层（找平层和黏结层）、饰面层。饰面板材绑挂在基层上，再灌浆固定，这就是所谓的双保险做法。基本构造方法是，先在基层上预埋铁件（经防锈处理），插入 Φ8mm 竖向钢筋，在板材上下沿钻孔或开槽口备用，再根据板材尺寸及位置绑扎固定横向钢筋，用镀锌铁丝或锚固件将板材固定在钢筋网上，板材与墙面之间逐层灌入水泥砂浆。（图 3-24、图 3-25）

石材干挂法是一种新的石材构造方式，首先在基层墙体上按板材设计高度固定好角钢结构框架和不锈钢锚固件，在板材上下沿开槽口，将不锈钢销子插入板材上下槽口与锚固件连接，在板材表面的缝隙中填嵌黏结防水油膏。

石材干挂法的优点是避免了传统湿挂法因水泥化学作用易出现的花脸、变色、锈斑现象；板材独立吊挂于墙面，板材之间没有重量的累加，和湿挂法相比墙体负荷轻。吊挂件轻巧灵活，可前后左右调节，施工质量容易保证。干作业施工进度快，周期短，减少了现场污染和人工费用。干挂法施工工序简单，而技术要求较高，一般由专业施工队施工。（图 3-26、图 3-27、图 3-28）

2. 贴挂类饰面的细部构造

石材贴挂类饰面还有一个重要的方面就是板材交接处的构造节点的处理。贴挂类饰面的细部构造主要涉及板材的接缝、转角、檐口、勒脚等部位的处理。石材墙面接缝处理如图 3-29 所示。石材墙面阴阳角处理如图 3-30 所示。石材墙面与地面处理如图 3-31 所示。

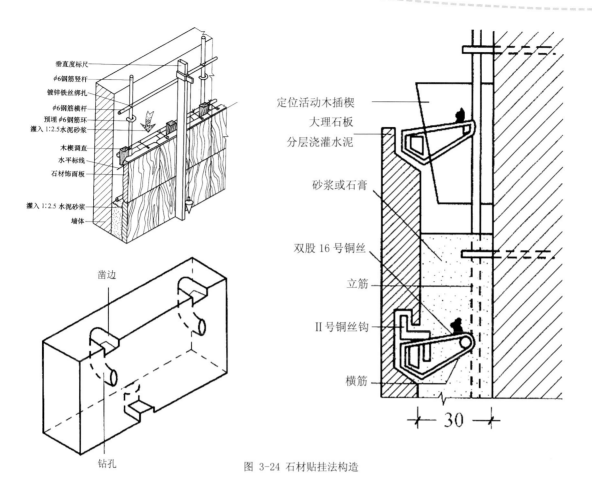

图 3-24 石材贴挂法构造

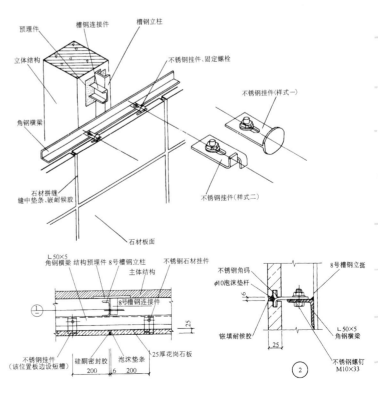

图 3-25 石材贴挂法墙面

图 3-26 石材干挂法构造

图 3-27 内外墙石材干挂效果

图 3-28 外墙小块石材可直接粘贴

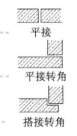
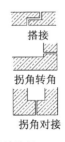
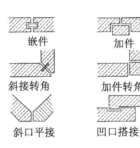
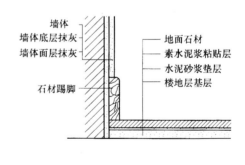

图 3-29 石材墙面接缝处理

a. 不带波打线的踢脚线处理

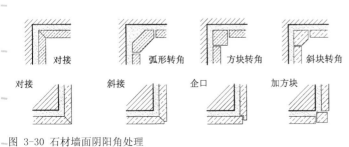

图 3-30 石材墙面阴阳角处理

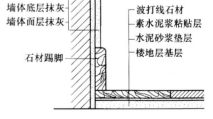

b. 带波打线的踢脚线处理

图 3-31 石材墙面与地面处理

第五节 镶板类墙面构造

镶板类墙面是指用竹、木及其制品，石膏板、矿棉板、塑料板、玻璃、薄金属板材等材料制成的饰面板，通过镶、钉、拼、贴等构造方法构成的墙面饰面。这些材料有较好的接触感和可加工性，所以在建筑装饰中被大量采用。

不同的饰面板，因材质不同，可达到不同的装饰效果。采用木板做护壁使人感到温暖、亲切、舒适，若保持木材原有的纹理和色泽，则更显质朴、高雅。木板还可以按设计要求加工成各种弧面或形体转折造型。采用经过烤漆、镀锌、电化等处理过的铜、不锈钢等金属薄板饰面，则会使墙体饰面色泽美观，装饰效果非常高雅华贵。

镶板类墙面基本构造是，按设计要求在墙面打上木塞子，进行基层墙面处理，做防潮层，按设计做成木龙骨造型，在龙骨上铺装基层板材，再在上面安装面板，最后刷油漆。

一、木质饰面板及其基本构造

木质饰面板以其较好的适应性和亲和力，被广泛应用于内墙各类装饰装修工程中。木质饰面板的材料主要有各种面层材料的饰面胶合板，如榉木板、柚木板、红胡桃板、黑胡桃板、枫木板等。此外还有辅助用板材，如细木工板、指接板、密度板、刨花板、木线条等。常用饰面板规格有1220mm×2440mm，1220mm×2135mm等，厚度不等。木质饰面板装修有全高（直到顶棚）、局部（半高墙裙0.9～1.2m）两种形式。其基本构造主要包括龙骨结构和饰面板两大部分。

1. 龙骨采用30mm×40mm或40mm×40mm，拼装成纵横交错的木结构框体，中距为450mm×450mm。龙骨在固定前应对墙面进行防潮处理，刷两遍聚氨酯防水涂料。墙面打木塞子和龙骨进行连接。

2. 木饰面板材分大张板材和板条两种，板条造价较高，通常用于高档装修。有时需要装底层板，再安装面板。底层板材主要是普通胶合板、细木工板、刨花板等。

3. 吸声、消声、扩声墙的基本构造是用表面粗糙、具有一定吸声性能的刨花板、软质纤维板、装饰吸声板等制成可用于吸声、扩声、消声等物理要求的墙面。对胶合板、硬质纤维板等进行改造，使之成为多孔装饰吸音板，可以装饰有吸音需求的墙面，孔的部位与数量根据声学要求确定。在板的背后、木筋之间要求补填玻璃棉、矿棉、石棉或泡沫塑料块等吸声材料，松散材料应先用玻璃丝布、石棉布等进行包裹。木护壁板条构造与其相同。（图3-32、图3-33）

用胶合板成半圆柱的凸出墙面作为扩声墙面，可用于要求反射声音的墙面，如录音室、播音室等扩声墙面。

4. 镶板类墙面细部处理是构造设计的重点。它主要体现在面板的接缝、收口、地面交接、阴阳角处理等方面。面板的接缝、收口、端部收口及阴阳角构造处理如图3-34所示。

二、玻璃类饰面

玻璃饰面是采用各种平板玻璃、压花玻璃、磨砂玻璃、彩绘玻璃、蚀刻玻璃、镜面玻璃等作为墙体饰面。玻璃饰面的特点是光滑、洁净、富有通透感，冷艳的美感。墙面采用镜面玻璃还可使视觉得以延伸、有扩充空间的感觉。如与灯具和照明结合又会形成各种不同的光影环境气氛和趣味。但玻璃饰面容易破碎，故不宜设在墙、柱面较低的部位，否则要加以保护。

玻璃饰面基本构造做法是，在墙基层上设置一层隔气防潮层，按要求立木筋，间距按玻璃尺寸，做成

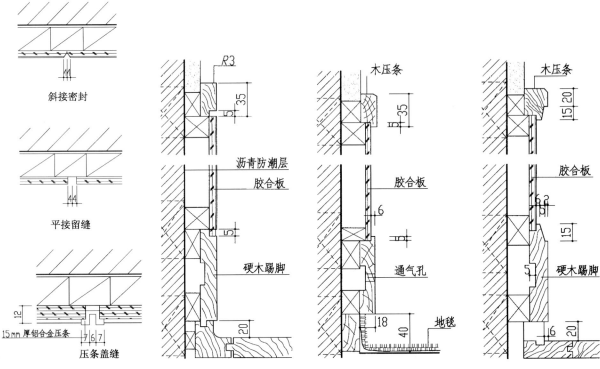

图 3-32 木质饰面板墙面构造与拼缝样式

图 3-33 木质饰面板墙面装饰效果

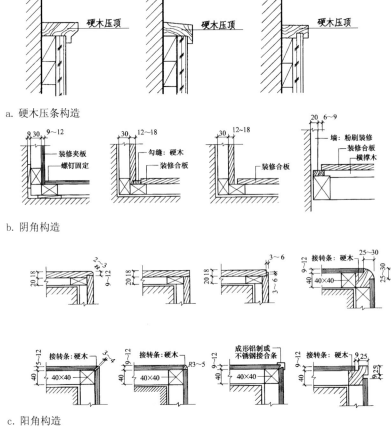

a. 硬木压条构造

b. 阴角构造

c. 阳角构造

图 3-34 木质饰面板细部构造

木框格，在木筋上钉上一层胶合板或纤维板等衬板，最后将玻璃固定在衬板上。

固定玻璃的方法主要有四种：一是嵌条固定法，用硬木、塑料、金属（铝合金、不锈钢、铜）等压条压住玻璃，玻璃之间留缝10mm，便于螺钉将压条固定在板筋上；二是嵌钉固定法，在玻璃的相交点用嵌钉固定；三是粘贴固定法，用环氧树脂把玻璃直接粘在衬板上；四是螺钉固

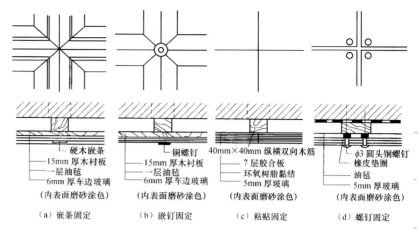

图 3-35 镜面玻璃饰面构造

定法，在玻璃上钻孔，用广告钉（不锈钢螺钉或铜螺钉）直接把玻璃悬挂固定，此法不受墙面结构因素的影响。玻璃饰面构造方法如图3-35所示。

第六节　卷材类墙面构造

卷材类墙面是用裱糊的方法将墙纸、织物、微薄木等装饰在内墙面。这种材料可以模仿各种天然材料的质感和色泽，装饰整体感强，色彩、纹理、图案较为丰富，显得亲切温暖、古雅精致，施工也很方便。常见的饰面卷材有塑料壁纸、纤维壁纸、木屑壁纸、金属箔壁纸、墙布、皮革、人造革、织锦缎、微薄木等。

一、壁纸饰面

1. 墙纸饰面材料

墙纸饰面的种类按外观可分为：印花墙纸、压花墙纸、浮雕墙纸等。按施工方法可分为：现场刷胶裱贴的，背面预涂压胶直接铺贴的。按墙纸的基层材料分为：塑料的、纸基的、布基的、石棉纤维、玻璃纤维基的。墙纸的面层材料有聚乙烯和聚氯乙烯。

（1）塑料墙纸（PVC墙纸）以纸基、布基和其他纤维为底层，以聚氯乙烯或聚乙烯为面层。种类：普通墙纸、发泡墙纸、特种墙纸。

（2）纤维墙纸——用棉、麻、毛、丝等纤维胶贴在纸基上制成的墙纸。其质感温暖、绚丽多彩、古雅精致、色泽自然，是高级饰面材料，但不耐脏、不能擦洗、易霉变，且裱糊时会渗胶。

2. 墙纸构造做法

（1）基层处理

对基层的要求：表面平整、光洁、干净、不掉粉（如水泥砂浆、混合砂浆、石灰砂浆抹面，纸筋灰、玻璃丝灰罩面、石膏板、石棉水泥板等预制板材，质量高的现浇或预制的混凝土墙体）。基层要刮腻子：有局部刮腻子、满刮腻子一遍、满刮腻子两遍，再用砂纸磨平。为避免基层吸水太快，在基层表面满刮一遍107胶水封闭处理。

（2）弹线找规矩、裁纸

粘贴墙纸必须做到规范施工，否则无法保证工程质量。墙面应先分格弹线。弹线找规矩的目的就是确

定墙纸幅面，使墙纸上下垂直，花纹图案连贯一致。根据弹线尺寸进行裁纸，并编号待用，以便按墙纸顺序裱贴。裁纸也要留有足够余量。

（3）墙纸的预处理

塑料墙纸在裱贴前要进行润纸处理。将墙纸浸泡在水中2～3分钟，取出后静置20秒再刷胶。

（4）裱贴墙纸

墙纸背面刷107胶粘贴，涂刷要均匀。粘贴时分幅顺序应从垂直线起到阴角收口，自上而下粘贴，上端不留余量。无花墙纸拼缝可重叠2cm；有花墙纸拼缝要将两边重叠，对好花纹后，用钢尺在重叠处拍实，裁去余量，保持纸面平整，防止气泡，压实拼缝处。完工后要即时检查，发现质量问题应即时解决。（图3-36）

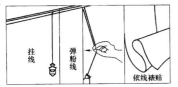
a. 弹线

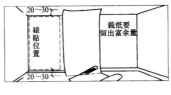
b. 裁纸

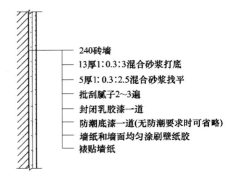
- 240砖墙
- 13厚1:0.3:3混合砂浆打底
- 5厚1:0.3:2.5混合砂浆找平
- 批刮腻子2～3遍
- 封闭乳胶漆一道
- 防潮底漆一道(无防潮要求时可省略)
- 墙纸和墙面均匀涂刷壁纸胶
- 裱贴墙纸

d. 墙纸饰面构造

c. 搭缝对接

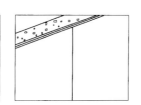
- 1:3水泥砂浆找平,刷冷底子油
- 防潮层
- 15厚衬板
- 五层胶合板,外包织锦缎
- 50×50@450纵向木筋

e. 墙布饰面构造

图 3-36 壁纸壁布饰面构造

二、壁布饰面

1. 玻璃纤维墙布和无纺墙布的特点

玻璃纤维墙布强度大、韧性好、耐水、耐火、可擦洗、装饰效果好，但盖底力稍差。无纺墙布，挺括、富有弹性、不易折断、表面光洁、有羊毛绒感、色彩鲜艳、图案雅致、不褪色，具有一定的透气性、可擦洗、施工简便。

2. 墙布饰面构造

裱糊方法大体与纸基墙纸相同，不同之处有：

（1）不能吸水膨胀，直接裱糊；

（2）采用聚醋酸乙烯乳液（白乳胶）调配成的黏结剂黏结；

（3）基层颜色较深时，在黏结剂中掺入白色涂料（如白色乳胶漆等）；

（4）裱糊时黏结剂刷在基层上，墙布背面不要刷黏结剂。

三、丝绒和锦缎饰面

1. 丝绒和锦缎饰面的特点

丝绒和锦缎质感温暖、绚丽多彩、古雅精致、色泽自然，是高级饰面材料，但它不耐脏、不能擦洗、易霉变，且裱糊时会渗胶，仅在一些高级墙面和有特殊需要局部做装饰。

2. 丝绒和锦缎构造做法

丝绒和锦缎柔软光滑，无法直接粘贴。应先将其背面裱一层宣纸，然后将其裱在阻燃型胶合板上做成装饰块待用。基层上用水泥砂浆找平，刷冷底子油，刷防水涂料做防潮层。墙面立50mm×50mm双向木龙骨（钉木框格），中距450mm。龙骨上钉基层板，再将先前做成的装饰块固定在基层板上即可。也可采用满铺法，就是不做装饰块，将裱好的锦缎用108胶直接裱贴在基层板上，表面按设计做好盖缝条处理。

四、皮革与人造革软包饰面

1. 皮革与人造革饰面特点

软包饰面格调高雅、质地柔软、保温、吸声、耐磨、易清洁，常用于健身房、幼儿园等需防碰撞的房间以及酒吧台、餐厅、会客室、客房、起居室等高标准场所。

2. 皮革与人造革软包饰面构造做法

软包饰面构造做法与木护壁相似：先用20厚水泥砂浆找平，涂刷防水涂料，钉立木龙骨（木框格），固定衬板，铺贴皮革或人造革。皮革或人造革中包棕丝、玻璃棉、矿棉等。固定皮革的方法：一是用暗钉口将其钉在墙筋上，用电化铝帽头按划分的格子四角钉入；二是将木装饰线条沿分格线位置固定；三是用小木条固定后，再外包不锈钢等金属装饰线条。软包饰面构造做法如图3-37、图3-38所示。

图 3-37 软包饰面效果

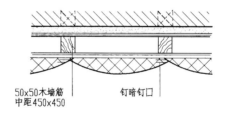

50×50木墙筋
中距450×450　　　钉暗钉口

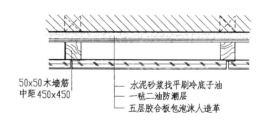

50×50木墙筋
中距450×450

水泥砂浆找平刷冷底子油
一毡二油防潮层
五层胶合板包泡沫人造革

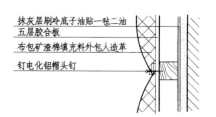

抹灰层刷冷底子油贴一毡二油
五层胶合板
布包矿渣棉填充料外包人造革
钉电化铝帽头钉

图 3-38 软包饰面构造

五、微薄木饰面

1. 微薄木的特点

微薄木具有护壁板的效果，却只有壁纸的价格。特点是厚薄均匀、木纹清晰、材质优良、质感天然等。如图 3-39 所示。

2. 微薄木饰面构造做法

微薄木饰面基本构造与裱贴墙纸相似。粘贴前微薄木要用清水喷洒，再晾至九成干后粘贴。在基层上刮腻子，满批两遍，砂纸打磨平整，再涂刷清油一道。在微薄木背面和基层表面同时均匀涂刷胶液，放置15分钟，待胶液呈半干状时，即可粘贴。贴后罩透明清漆。接缝采用衔接拼缝，拼缝后即用电熨斗熨平。

图 3-39 微薄木饰面材料

作业与要求：

一、简答题

1. 外墙饰面和内墙饰面的基本功能有哪些？

2. 抹灰类饰面分为几种？

3. 简述一般抹灰饰面构造要点。

4. 简述木护壁墙面节点构造。

5. 简述软包墙面节点构造。

二、墙面單面板类装饰构造设计与表达实训

1. 实训目的

掌握單面板类墙面装饰构造的设计及表达方法。能根据空间的特点及功能要求，综合分析装饰构造类型，能够正确表达單面板类墙面装饰构造的施工图。

2. 实训条件与设备

教师提供办公空间的某一小型会议室的墙面装饰立面图，让学生根据所学的單面板类墙面装饰构造知识，对此立面装饰图进行剖面及细部的构造设计。

自备相关绘图工具（绘图板、丁字尺、三角尺、比例尺、擦线板、绘图笔、A3图纸等）。

3. 实训内容及步骤

内容：

（1）木质單面板饰面的纵横剖面图、大样详图，并标注各分层结构及构造的做法。

（2）织物软包饰面的纵横剖面图、大样详图，并标注各分层结构及构造的做法。

（3）其他各部位细部的节点详图（踢脚线、界面或材质交接处等）。

（4）表达内容要求符合规范，符合国家制图标准。

步骤：

（1）收集相关资料，分析同类装饰工艺的基本构造。

（2）根据所给条件和要求，有针对性的提出问题、分析问题，并找出解决问题的方法。

4. 实训课时安排（5学时）

课时安排由三部分组成：

（1）前期：统一分析讨论问题，提出方案，完善方案，课堂时间完成。

（2）中期：继续完善方案，并根据方案绘制装饰构造施工图。课堂或课后时间完成。

（3）分析、讲评、总结。课堂时间完成。

5. 预习要求

（1）收集相关资料，分析同类装饰工艺的构造。

（2）实训室观摩了解木质罩面板饰面的各种装饰工艺与构造。

附：学生作业举例（图3-40、图3-41）

作业点评：

图3-40所示的这张作品给人感觉很充实，制作非常认真严谨。木质饰面板加软包墙面，作为会议室空间来说是个不错的选择。

但墙面的造型又有些不足，墙面上部与下部缺少联系，没有能形成一个整体。墙面表达不够清晰，剖面图没有在墙面进行剖面的标注，与主图也没有联系。以后在制图规范方面要多加注意。

作业点评：

对于初学者重要的是能够举一反三，理解构造设计的原理，在构造细节上多做文章。图3-41所示的作品整体感觉良好，细节有缺陷，要能真正体现构造的节点。中间的字画幅面过大，明显不成比例。在制图规范上要多注意细节。

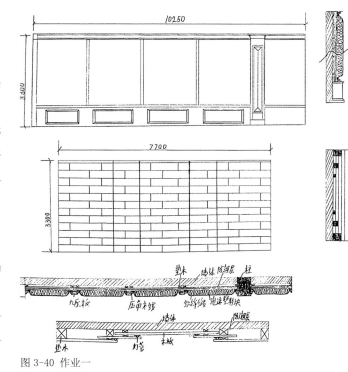

图3-40　作业一

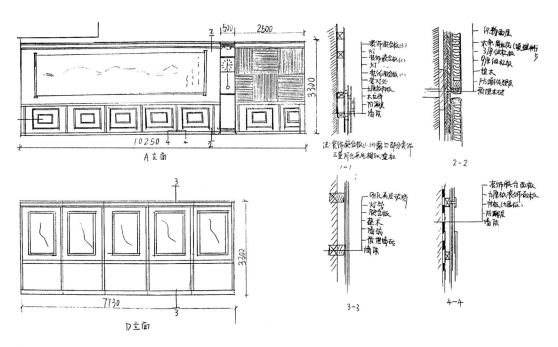

图3-41　作业二

第四章 特种墙面装饰构造

学习目标：学习本章，要求了解和熟悉隔墙与隔断的类型和材料使用，掌握构造做法。掌握不同形式的隔墙与隔断构造节点图的绘制。了解和认识新型幕墙的材料与做法。掌握柱面装饰构造和做法。

学习重点：1. 隔墙与隔断构造特点及做法要求；2. 新型建材幕墙的做法和要求；3. 柱面装饰构造的做法和要求。

学习难点：不同形式的隔墙隔断的构造设计及节点详图的绘制。柱面装饰构造的做法。

第一节 隔墙与隔断

隔墙和隔断都是用来划分室内空间的建筑装饰构件，其作用是对空间进行分隔、引导和过渡。隔墙是将划分的空间完全封闭，只留下门洞，注重的是封闭功能；隔断则是利用装饰构件或家具分隔空间，从而形成既有分隔又有联系的不同的空间区域，注重的是空间的融合，具有虚拟性，更多的是一种功能性构件，而不是真实的墙体，更注重空间的装饰效果。

一、轻质隔墙构造

轻质隔墙是一种重量轻，经济实用的墙体。它把房屋内部分隔成若干不同使用功能空间。隔墙不同于承重墙，它是依靠地面、楼板及自身结构承载荷载。对隔墙的要求是能隔声、隔热、隔辐射、隔绝视线；防火、防水、防盗、耐湿，具有一定强度和稳定性，用料省、重量轻、厚度薄、便于拆装。

按照使用材料和构造方式，隔墙可分为砌块式隔墙、立筋式隔墙和板材式隔墙三种类型。这三种类型的隔墙分别代表了三种不同的做法，我们需要根据房屋内部具体情况来选择最合适的做法。

1. 砌块式隔墙

砌筑隔墙指用普通黏土砖、空心砖、加气混凝土砌块等砌筑成的非承重墙体，各品种规格的砖和砌块的做法略有不同。在制作中要充分考虑砌块之间的结合，墙体本身的稳定性以及对建筑物主体结构的影响。黏土砖取自耕地土壤，为保护环境，国家已明令禁止在隔墙上使用黏土砖，因此，砖。隔墙已经很少使用了。

（1）加气混凝土砌块隔墙

加气混凝土砌块重量轻，是普通黏土砖很好的替代品。其用料造价低、施工方便，广泛应用于各种填充墙和隔墙工程中。加气混凝土砌块可加工性好，可以很方便地锯、刨、钻、钉、挂、镂、开槽等，其规格为 390mm × 190mm × 190mm 不等。小型砌块分为三种，它们是标准块、2/3 块和1/2 块，分别被用于长墙、转角和交叉的地方，如图 4-1 所示。

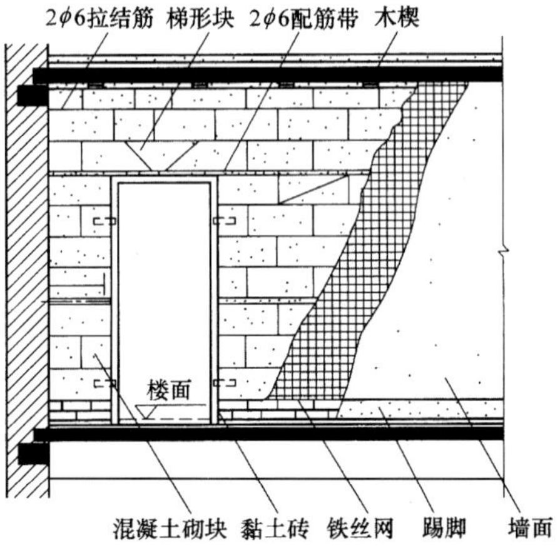

加气混凝土砌块质地松软多孔，强度低、易损坏，吸湿性大，尤其不宜在厕所等潮湿房间使用，如果用，也应在墙面增设防潮层。砌筑时应在底部先砌两三皮普通黏土砖作为基础，以防潮气上升，同时也方便将来做水泥砂浆踢脚。为增强墙体的稳定性，

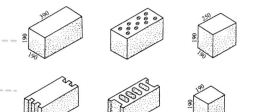
图 4-1 加气混凝土砌块

![图 4-2]
2φ6拉结筋 梯形块 2φ6配筋带 木楔

楼面

混凝土砌块 黏土砖 铁丝网 踢脚 墙面
图 4-2 加气混凝土砌块隔墙构造

砌筑高度每到一米时需增配两根 Φ6 钢筋用于墙体的加固，并和两端主承重墙拉结牢固。墙体在抹灰前应满刷 TG 胶浆一道，并用 TG 砂浆打底，也可在墙面加装镀锌铁丝网，再用混合砂浆打底抹灰。门洞和窗洞要用普通黏土砖包角。空心砖的施工方法与加气混凝土砌块相似，空心砖隔墙直接用混合砂浆打底抹灰。加气混凝土砌块隔墙构造如图 4-2 所示。

（2）玻璃砖隔墙

玻璃砖主要用于室内隔墙和隔断的装修。在作为隔墙使用时，具有采光和封闭墙体装饰墙面等多重功能。玻璃砖有透光和散光效果，使装修部位风格别具。玻璃砖有空心和实心两种，外形有正方形和长方形。空心玻璃砖运用较多，尺寸有 240mm×240mm×80mm ，190mm×190mm×80mm，240mm×115mm×80mm 等。选择透明玻璃砖、雾面玻璃砖或是有纹路玻璃砖，这要由空间所需的采光度而定。由于玻璃砖的种类不同，光线的折射程度也会有所不同。在颜色上的选择，也要视空间色彩的表现而定，现今已有多种色彩可供选择。

玻璃砖四周有凹槽，砌筑时，一般将其砌筑在框架内，框架材料最好是金属框架。隔墙底部先用普通黏土砖或混凝土做垫层，然后用 1：2～1：2.5 白色水泥砂浆砌筑玻璃砖，且上下左右每三块或四块就要放置补强钢筋，尤其在纵向砖缝内一定要灌满水泥砂浆。玻璃砖之间的缝隙为 10mm，主要视玻璃砖的排列调整而定。待水泥硬化后，用白水泥勾缝，在白水泥中掺入一些胶水则可避免龟裂。玻璃砖隔墙构造如图 4-3、图 4-4 所示。

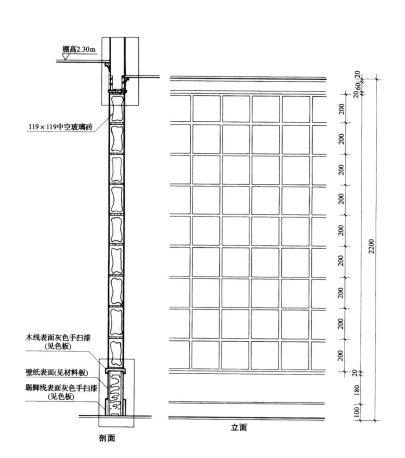

图 4-3 玻璃砖隔墙构造

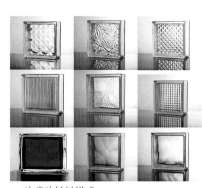

a. 玻璃砖材料样式

b. 玻璃砖隔墙效果

图 4-4 玻璃砖隔墙

2. 立筋式隔墙

立筋式隔墙也称为立柱式、龙骨式隔墙。它是以钢材或其他材料做成骨架，把面层材料用钉结、涂抹或粘贴的方法安装在骨架上形成的隔墙。

立筋式隔墙常用的骨架有木骨架、型钢骨架、轻钢骨架、铝合金骨架。一般采用轻钢骨架来做。骨架由上槛、下槛、立筋和支撑等组成，墙筋间距400mm或600mm（视饰面材料规格而定），骨架的面层分抹灰面和人造板饰面。

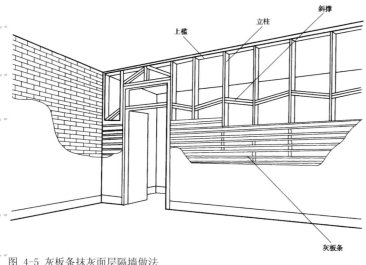

图 4-5 灰板条抹灰面层隔墙做法

（1）抹灰面层隔墙

抹灰面层隔墙做法就是在木龙骨框架两侧分别钉上灰板条，然后抹灰。骨架方木的规格尺寸根据墙高不同略有差异，一般为50mm×70mm，立柱的间距为500mm，斜撑的间距400mm或600mm（视饰面材料规格而定）。灰板条尺寸有两种：1200mm×24mm×6mm和1200mm×38mm×9mm。在墙筋垂直高度方向每隔1.5m左右设斜撑一道，用以加固。板条之间在垂直方向留出6～10mm的空隙，以便抹灰时灰浆挤入缝内抓住板条。在灰板墙与砖墙相接处加钉钢丝网每侧宽200mm左右，减少抹面层出现裂缝的可能。为了防水防潮和保证抹水泥砂浆踢脚的质量，下部可先砌2～3皮黏土砖做基础。（图4-5）

（2）人造板隔墙饰面做法

人造板隔墙饰面有重量轻、节约木材、结构整体性强及拆装便利等优点。人造板饰面隔墙是在骨架两侧镶钉胶合板、石膏板或其他轻质薄板。骨架可采用轻钢龙骨，常用0.6～1.2mm厚的槽钢和工字型钢，面板可以用镀锌螺丝、自攻螺丝或金属夹子固定在骨架上。

人造板主要有胶合板、纤维板、石膏板等。胶合板规格有：1830mm×915mm×4mm（三夹板），2135mm×915mm×7mm（五夹板）；纸面石膏板规格有：3000mm×800mm×12mm和3000mm×800mm×9mm。

（3）轻钢龙骨石膏板隔墙

轻钢龙骨隔墙主要构件包括：

① 轻钢龙骨主件有沿顶龙骨、沿地龙骨、加强龙骨、竖向龙骨、横向龙骨；

② 钢骨架配件有支撑卡、卡托、角托、连接件、固定件、附墙龙骨、压条等附件，应符合设计要求；

③ 紧固材料有射钉、膨胀螺栓、镀锌自攻螺丝、木螺丝和黏结嵌缝料，填充隔声材料按设计要求选用；

④ 罩面板材纸面石膏板规格、厚度由设计人员或按图纸要求选定。

隔墙（隔断）龙骨代号Q，U代表截面形状。隔墙（隔断）轻钢龙骨材料规格有：QU50型、QC50型、QU75型、QC75型、QU100型、QC100型、QU150型、QC150型。50型隔墙龙骨做成墙体后（用厚度12mm石膏板在龙骨两侧封作表面），总厚度为74mm，若用150型墙体龙骨则墙体厚度为174mm。

沿地龙骨与地面，沿顶龙骨与楼板（板底），沿墙龙骨与墙或柱子的连接采用射钉或膨胀螺栓来固定。

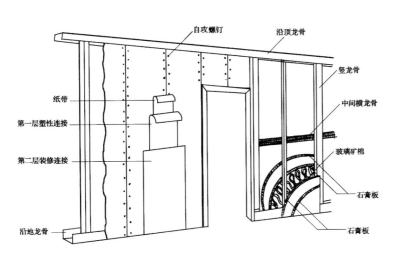

图 4-6 轻钢龙骨石膏板隔墙构造

图 4-7 轻钢龙骨石膏板隔墙内部构造

龙骨与四周接触面均应填密封胶。

　　为提高隔墙的隔声性能，往往采用双层面板，如在中间填保温、隔声材料（如玻璃棉、岩棉毡、泡沫板等），更能起到隔声保温效果，成为一种新型的隔声保温墙。轻钢龙骨的连接构造如图 4-6、图 4-7 所示。

　　3. 板材式隔墙

　　板材式隔墙是用大面积的、高度和室内房间净高相当的成品条板装配而成的。板材式隔墙多用于大面积的墙体，如厂房、活动板房等。这种隔墙不用骨架就能安装成形，工业化程度高，拆装方便，但隔声差。品种有碳化石灰板、泰柏板、加气混凝土板、纸蜂窝板及各种复合板等。长宽度一般为 2400mm×3300mm，厚度在 60 ～ 120mm 之间。

　　（1）碳化石灰板隔墙、加气混凝土板隔墙构造。安装这类隔墙时，在板的下部先用小木楔顶紧，然后用细石混凝土堵严，板缝用胶黏剂粘接，并用胶泥刮缝，整平后再做表面装修。

　　（2）泰柏板隔墙构造。泰柏板是一种新型轻质墙体材料，由镀锌钢丝焊接成三维空间网笼，中间填阻燃聚苯乙烯泡沫塑料为板芯，安装好后双面抹灰或喷涂水泥砂浆，做成一个复合式墙面。泰柏板易于裁剪和拼接，又有高强耐久性，板内还可以预设管线、门窗框，施工简单方便。泰柏板隔墙的安装固定必须使用配套的连接件。（图 4-8）

　　二、隔断

　　隔断的装饰手法最早源自于中国传统的屏风形式。传统的屏风隔断强调一种既遮又透的装饰效果。这种装饰手法，正是隔断设计的主导思想。传统的屏风隔断式样如图 4-9 所示。

　　隔断的作用是分隔室内空间和遮挡视线。隔断不像隔墙那样受到限制，布置灵活、拆装方便。它具有很强的装饰性，在设计上可发挥的余地更大一些。利用隔断分隔室内空间，能够创造出一种既分隔又联系的虚实结合的空间，增加了空间的层次和深度，可以产生丰富的联想，是各类建筑室内常用的一种处理手法。

　　现代隔断设计已远远超出传统屏风的范围，设计手法运用更加灵活多变，形式感也更强了。隔断的构造样式有很多，常见的有屏风式隔断、家具式隔断、漏空式隔断、玻璃式隔断及移动式隔断等。隔断设计

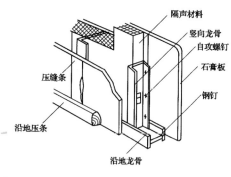

隔墙与地面连接构造

还需考虑空间的整体风格特征。

1. 屏风式隔断

屏风式隔断是一种室内围护构件，它的安装有固定式和活动式两种。固定式做法又有立筋骨架式和预制板式之分。预制板式隔断借预埋铁件与周围结构墙体、楼（地）面固定，而立筋骨架式隔断则与隔墙相似，可以在骨架两侧铺钉面板，也可以镶嵌玻璃。玻璃可以采用磨砂玻璃、彩绘玻璃、冰裂纹玻璃等。

屏风式隔断有传统或和现代式的区别。屏风式隔断是不隔到顶的一种隔断形式，其空间的通透性较强。屏风式隔断的高度一般在 1050 ~ 1800mm 之间，可根据不同使用要求进行选择。屏风式隔断与顶棚之间有较大的距离，起到分隔空间和遮挡视线的作用，既分隔又有联系。在办公空间分隔中，工作台三面采用围挡处理，形成一个个相对独立的空间形态，方便办公，是一种大空间中的小空间的分隔和围挡处理手法。（图 4-10）

2. 家具式隔断

家具式隔断是利用各种室内家具进行自由组合和搭配，从而达到某种分隔空间的目的。这种设计处理方式，把室内空间分隔与家具设计巧妙地结合起来，既节约造价又节省空间。家

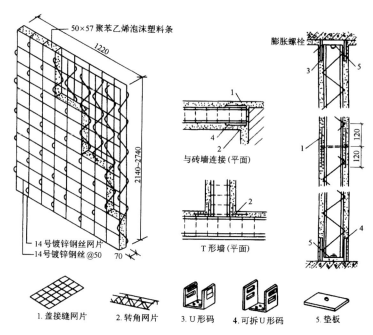

图 4-8 泰柏板隔墙构造

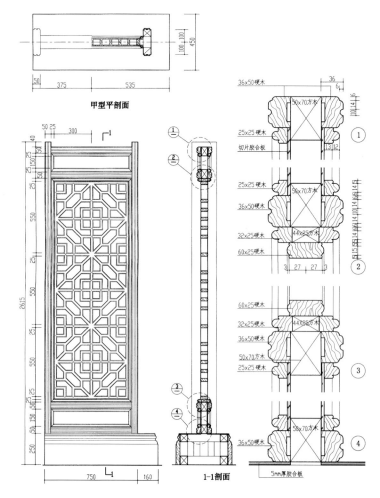

图 4-9 中式屏风隔断构造

具布置与空间分隔相互协调，空间组合灵活多变，多用于住宅以及办公空间的分隔。如住宅中门厅与起居室用组合鞋柜分隔，餐厅与厨房用矮柜分隔，书房与客厅用书柜分隔等。（图4-11）

3. 漏空式隔断

漏空花格式隔断是门厅、客厅等处分隔空间的一种常见形式。从材料上分有竹制的、木镶板的，也有混凝土预制构件，形式多种多样。漏空隔断一般都是到顶的。漏空式隔断与周围结构墙体以及上、下楼层构件连接固定，可以采用钉结、黏结及埋件焊接等方式进行安装。（图4-12）

4. 玻璃隔断

玻璃隔断是采用普通平板玻璃、磨砂玻璃、蚀刻玻璃、压花玻璃以及各种颜色的有机玻璃等嵌入木制或金属的骨架中形成的隔断形式。玻璃隔断有很好的透光性、可视性。彩色玻璃、压花玻璃或彩色有机玻

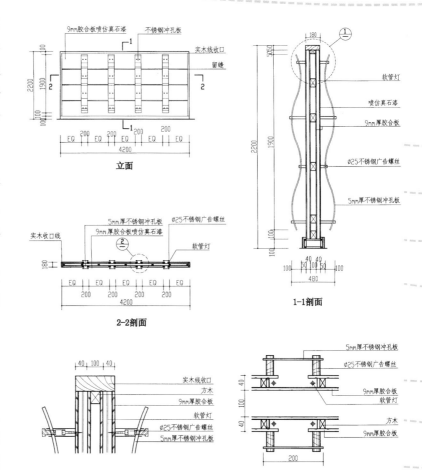

图 4-10 现代式屏风隔断构造

图 4-11 家具式隔断

图 4-12 漏空式隔断

璃的使用，除能遮挡视线外，还具有丰富的装饰性，可用于客厅、餐厅、会议室等处，一般也是隔到顶的。

现在市场上各种纹理、质感、形式的艺术玻璃已成为家居装饰材料的主材。利用大幅仿水纹玻璃或压花玻璃、闪金粉磨砂玻璃等材料作隔断，使空间富于变化，又不失艺术情调。（图4-13）

（1）铝合金框架玻璃隔断：用铝合金做骨架，将玻璃镶嵌在骨架内所形成的隔断。

（2）不锈钢柱框玻璃隔断：这种隔断的构造关键是要解决好玻璃板与不锈钢柱框的连接固定。玻璃板与不锈钢柱框的固定方法有三种，第一种是将玻璃板用不锈钢槽条固定；第二种是将玻璃板直接镶在不锈钢立柱上；第三种是根据设计要求，用专用的不锈钢紧固件将相应部位打孔的玻璃与不锈钢柱连接固定，此种固定方法要求玻璃必须是安全玻璃，而且玻璃上的孔位尺寸精确。这种玻璃隔断现代感强，装饰效果好。

图 4-13 玻璃隔断

5. 移动式隔断

移动式隔断是一种可以随意闭合、能自由组织空间的隔断形式，它能使相邻的空间各自独立或合而为一，使用灵活多变。移动式隔断可以分为折叠式、悬吊式、滑动式和起落式等多种形式，多用于公共建筑中餐厅、宴会厅、会议中心、展览中心的会议室和活动中心等。（图4-14）

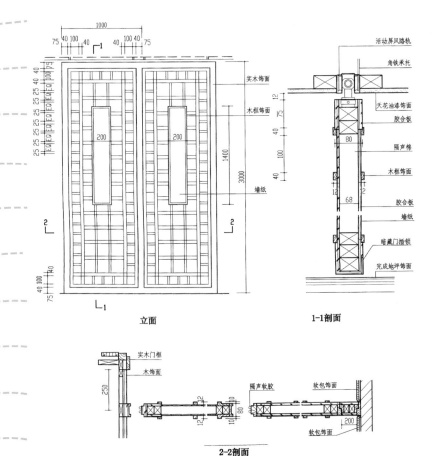

图 4-14 移动式隔断构造

第二节　建筑幕墙装饰构造

目前，有很多高层建筑都采用了建筑幕墙建造技术。建筑幕墙是一种先进的墙体外围护构件，它的独特的色彩与光影，多变的造型，吸引了业主和建筑师。世界上第一座采用建筑幕墙技术建造的大楼是纽约西格拉姆大厦，由德国著名建筑师密斯·凡·德罗于 1954 年设计，1959 年落成。随着先进材料及加工工艺的发展进步，现代建筑幕墙发展迅速，并逐渐成为当代建筑新技术发展的焦点。

建筑的墙体不但要承受自身荷载、各种使用荷载等的竖向荷载，也要承受风力、地震力等水平荷载，这些荷载最终通过墙体自身或梁柱传给地基。高层建筑由于层数多、自身结构荷载大，若墙体仍然采用传统的做法，势必会加大墙体质量而使竖向荷载过大，给地基造成过大压力。现在水平荷载已成为高层建筑的主要荷载（高层建筑主要是抗侧向风力、地震力），高层建筑要考虑到墙体围护安全需要，就要选择轻质、高强的材料，采用简单易行的连接方法，以满足高层建筑发展的需要。

幕墙质量较轻，约为砖墙粉刷的 1/10 ~ 1/12，使用幕墙能大大减轻建筑物的质量，减少风压、地震作用对建筑物的影响，又满足自身强度、保温、防水、防风、防火，隔声、隔热等诸多要求。幕墙现代美观，艺术表现力强，技术含量高。它打破了传统的窗与墙的界限，巧妙地将它们融为一体，有很好的艺术效果，早已成为高层建筑首选的外墙材料。

幕墙的用材可以进行标准化工厂生产，施工简单，无湿作业，操作工序少，因而施工速度较快。幕墙常年使用损坏后改换新立面非常方便快捷，维修也简单，温度应力小。玻璃、金属、石材等以柔性材料与框体连接，减少了由温度变化对结构产生的温度应力，减轻地震力造成的损伤。幕墙按材料分为玻璃幕墙、金属板幕墙、石材幕墙、彩色混凝土挂板幕墙等。各种类型幕墙如图 4-15 所示。

a. 玻璃幕墙　　　　　　　　b. 石材幕墙　　　　　　　　c. 金属板幕墙

图 4-15 现代建筑幕墙

一、玻璃幕墙

玻璃幕墙分为有框玻璃幕墙和无框全玻璃幕墙两种。有框玻璃幕墙又分明框式玻璃幕墙和隐框式玻璃幕墙以及半隐式玻璃幕墙。无框全玻璃幕墙又分为座底式和吊挂式两种。玻璃幕墙的安装做法可分为元件式、单元式和混合式多种。

1. 元件式玻璃幕墙

幕墙是用一根根元件（立挺、横梁）安装在建筑物结构上形成框格体系，再镶嵌玻璃，最终组装成幕墙。对以竖向受力为主的框格，首先将立柱固定在建筑物每层楼板（梁）上，再将横梁固定在立挺上；对以横向受力为主的框格，则先安装横梁，立柱固定在横梁上，以形成幕墙框格体系，再镶嵌玻璃。它的优点是运输方便，运输费用低，缺点是要在现场逐渐安装，安装周期相对较长。

元件式幕墙立柱布置随安装次序不同而异。立柱安装有两种顺序，即自上而下安装与自下而上安装。由于安装顺序不同，杆件接头位置布置不一样，构件受力情况也就不同。

2. 单元式玻璃幕墙

单元式玻璃幕墙是在工厂中预制并拼装成单元组件。这种组件一般为一个楼层高度，也可以有 2～3 层高，一个单元组件就是一个受力单元。安装时将单元组件固定在楼层楼板上，组件的竖边对扣连接，下一层组件的顶与上一层组件的底，其横框对齐连接。这种形式的幕墙安装周期短，能使建筑物很快封闭，但要求制造厂有较大的装配车间，运输体积大、运费高，工地要有比较大的周转仓库，要求工厂制作质量高，对建筑物的尺寸偏差要求严，而且要注意安装程序，否则到最后阶段很难封闭。

这两种类型的幕墙安装施工都各有利弊，后来又出现了混合式即元件单元式幕墙。这种幕墙综合了以上两种幕墙的特点，它首先安装力挺，再把工厂组装好的组件安装到力挺上。还有一种嵌板式幕墙。它和单元式幕墙有相似之处，整个嵌板有一个楼层高，它也是一个单元组件，不过是用板材冲压成型的幕墙单元，在这个嵌板单元上可以开洞安装玻璃，嵌板固定在楼层楼板上。这种幕墙适用于定型设计的工业建筑，因为嵌板要冲压成型，开模费用大，只有大批生产才经济。

3. 玻璃幕墙材料组成

玻璃幕墙基本上由五大部分组成，即骨架、玻璃、连接固定件、密封填缝材料、结构黏结材料。幕墙处于建筑物的外表面，经常遭受自然环境如日晒、雨淋等不利因素的侵蚀；要求幕墙材料要有足够的耐候性和耐久性，具备防风雨、防日晒、防撞击、保温隔热等功能。因此，所用金属材料除不锈钢和轻金属材料外，都应进行热镀锌防腐蚀处理，以保证幕墙墙体的耐久性。

（1）骨架

骨架是指幕墙骨架系统的立挺、横梁所使用的材料，主要有型钢（工字钢、角钢、槽钢等）和铝合金型材。幕墙用的铝合金型材应采用高精级型材，并经过阳极氧化着色处理。铝合金阳极氧化膜不仅起装饰作用，更重要的是防止自然界有害因素对铝合金的腐蚀作用。

（2）玻璃

玻璃是幕墙的主要材料之一，它是幕墙艺术风格的主要体现者。玻璃主要有普通平板玻璃、浮法玻璃、钢化玻璃、夹层玻璃、中空玻璃、吸热平板玻璃、压花玻璃、热反射玻璃等。幕墙的玻璃以采用钢化玻璃、夹层玻璃等安全玻璃为主。

（3）连接固定件

连接固定件是幕墙与骨架之间及骨架与主体结构之间的结合件。固定件主要有金属膨胀螺栓、普通螺栓、拉铆钉、射钉等。连接件应采用角钢、槽钢、钢板加工而成，其形状因应用部位不同或由于幕墙结构不同而变化。连接件应选用镀锌件或者对其进行防腐处理，保证其具有较好的耐腐蚀性、耐久性和安全可靠性。

（4）密封填缝材料

明框幕墙玻璃的密封，主要采用橡胶密封条，依靠胶条自身的弹性在槽内起密封作用；要求胶条具有耐紫外线、耐老化、永久变形小、耐污染等特性。不合格密封胶条绝对不允许在幕墙工程中使用。耐候硅酮密封胶条价格较贵，对施工条件要求高，施工工艺复杂，国内除半隐框和隐框幕墙使用外，明框幕墙已很少使用。耐候硅酮密封胶必须是中性胶，以免与玻璃或骨架材料发生反应。

（5）结构黏结材料

结构硅酮密封胶用于各种板材与金属骨架，板材与板材之间的黏结，是可受力的结构胶粘剂。它有单组分胶和双组分胶，其主要性能都差不多。无论是单组分胶还是双组分胶都必须呈中性，酸碱性胶不能用，否则将给铝合金和结构硅酮密封胶带来不良影响。该胶可与空气中水蒸气发生反应，逐步变硬，所以在存储过程中应避免与水接触，但该胶固化后对阳光、雨水、冰雪、臭氧及高低温都能适应。

4. 框式玻璃幕墙构造

框式玻璃幕墙安装主要有明框、隐框和半隐框几种。

（1）明框玻璃幕墙

明框式玻璃幕墙构造主要是根据铝合金型材外露的状况来确定的，明框玻璃幕墙的玻璃板镶嵌在铝框内，幕墙构件嵌在横梁、立柱上，形成横梁、立柱均外露的状况，铝框分隔明显。

明框玻璃幕墙构件的玻璃与铝框之间必须留有空隙（5mm以上），以适应温度变化和主体结构位移的需要，防止玻璃挤碎。明框和玻璃之空隙用橡胶条填充，必要时用硅酮密封胶填充。玻璃板下部要设两个橡胶垫块，垫块长度不宜小于100 mm，厚度不宜小于6 mm。明框玻璃幕墙如图4-16所示。

（2）隐框玻璃幕墙

隐框玻璃幕墙是将玻璃用硅酮结构密封胶黏结在铝框上，多数情况下，不再加金属连接件。铝框全部隐蔽在玻璃背面，表面形成大面积全玻璃镜面，外观更显时尚现代。在某些工程中，垂直玻璃幕墙采用带金属连接件的隐框幕墙。金属构件可作为安全措施，但容易产生集中应力，使玻璃破裂。

玻璃与铝框之间完全靠结构胶黏结。结构胶要承受玻璃的自重、玻璃所承受的风荷载和地震作用，还有温度变化的影响，因此结构胶的使用是隐框幕墙安全性环节的关键因素。结构胶必须能有效地黏结在接触的材料上（玻璃、铝材、耐候胶、垫块等），这称之为相容性。在选用结构胶的厂家和牌号时，用已选定的幕墙材料进行相容性试验，只有当确认其适用性之后，才能在工程中应用。（图4-17）

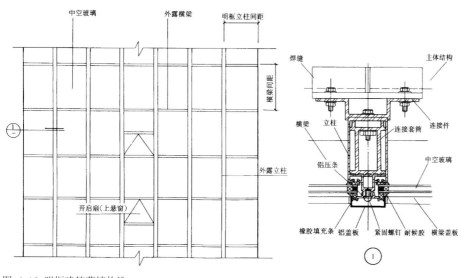

图 4-16 明框建筑幕墙构造

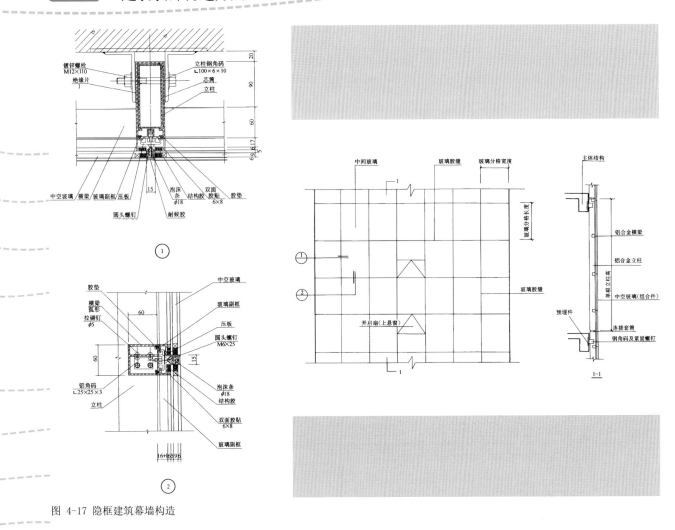

图 4-17 隐框建筑幕墙构造

（3）半隐框玻璃幕墙

半隐框玻璃幕墙是将玻璃两对边嵌在铝框内，另两对边用结构胶黏结在铝框上，形成半隐框玻璃幕墙。一种是立柱外露、横梁隐蔽的称为竖框横隐；反之，横梁外露、立柱隐蔽称竖隐横框。

5．无框式全玻璃幕墙

无框式全玻璃幕墙是指幕墙的支撑框架（如果有）与幕墙的表面材料均为玻璃结构构造。全玻璃幕墙所用材料均为玻璃，它的视野全无遮挡，外观晶莹透亮，富丽堂皇，给人一种洁净、明快、光亮的感觉。无框全玻璃幕墙一般用在高层建筑的底层部位，即底层大厅和商店等的橱窗墙面装饰。

全玻璃幕墙面板和肋板均为玻璃，面板和肋板之间用透明硅酮胶粘接。由于没有边框，幕墙采用通长的大块玻璃（长达 12 m 以上）制作，整体感很强。幕墙玻璃高度大于 4m 时，就应用玻璃肋来加强，玻璃肋的厚度应不小于 19mm。无框全玻璃幕墙又分为坐地式全玻璃幕墙和吊挂式全玻璃幕墙以及点连接式全玻璃幕墙几类。

（1）全玻璃幕墙的构造

全玻璃幕墙的构造可分为有玻璃肋和无玻璃肋。

① 无玻璃肋幕墙的构造

对于幕墙高度在 4m 以下的，可采用无玻璃肋幕墙的构造方式。做法是将大块玻璃两端嵌套在金属框架内，结构硅铜胶嵌缝固定。

② 玻璃肋幕墙的构造

对于幕墙高度在 4m 以上的,就应采用加玻璃肋幕墙的构造方式。玻璃肋和大面积玻璃之间用结构硅铜胶呈垂直方向进行黏结。加玻璃肋的目的是增强玻璃幕墙的刚度,保证幕墙在风压作用下的稳定性。玻璃肋有三种构造方式:单肋、双肋、通肋。无论何种构造方式,玻璃肋和面玻璃之间的黏结要留出一定间隙,并用结构硅铜胶填实。(图 4-18、图 4-19)

(2)坐地式全玻璃幕墙

坐地式全玻璃幕墙安装适宜高度在 5m 以下的全玻璃幕墙,玻璃被固定在上下部的金属槽内。上部的金属槽和玻璃之间要留有空隙,保证玻璃有伸缩空间。坐地式全玻璃幕墙构造简单,造价低。它主要靠底座承重,玻璃容易变形,造成图像失真。(图 4-20)

图 4-18 玻璃肋幕墙

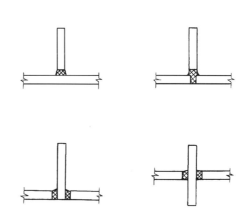

图 4-20 坐地式全玻璃幕墙

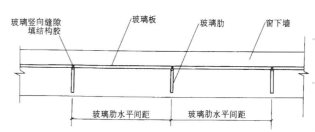

图 4-19 玻璃肋构造节点

(3)吊挂式全玻璃幕墙

当幕墙高度超出 5m 时,可采用吊挂式全玻璃幕墙构造方式。这种安装就是在幕墙顶端设置专门的金属夹具,将其吊挂起来。玻璃与下部金属槽留有伸缩空间。吊挂式全玻璃幕墙安装稍显复杂,但它消除了由质量问题可能产生的变形,安全可靠。吊挂式全玻璃幕墙单块玻璃自身的重量应控制在 1200kg,玻璃宽度不大于 2m。(图 4-21)

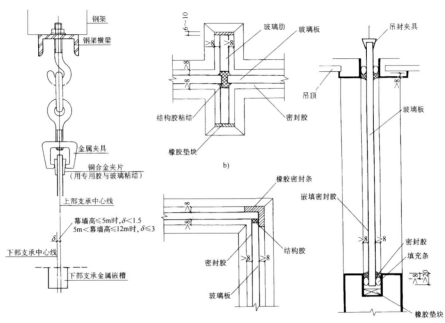

图 4-21 吊挂式全玻璃幕墙

6. 点支式全玻璃幕墙

由玻璃面板、点支撑装置和支撑结构构成的玻璃幕墙称为点支式玻璃幕墙。根据支撑结构点支式玻璃幕墙可分为工形截面钢架、格构式钢架、柱式钢桁架、鱼腹式钢架、空腹弓形钢架、单拉杆弓形钢架、双拉杆梭形钢架、拉杆（索）形式一和拉杆（索）形式二。

上述幕墙结构类型可分为三类：

（1）金属支撑结构点支式玻璃幕墙：这是最早的点支式玻璃幕墙结构，也是采用最多的结构类型。

（2）点支式全玻璃幕墙：支撑结构是玻璃板，称其为玻璃肋。采用金属紧固件和连接件将玻璃面板和玻璃肋相连接，形成玻璃幕墙。由玻璃面板和玻璃肋构成的全玻玻璃幕墙视野开阔、结构简单，使人耳目一新，最大限度地消除了建筑物室内外的隔绝感觉。

（3）杆（索）式玻璃幕墙：支撑结构是不锈钢拉杆或拉索，玻璃由金属紧固件和金属连接件与拉杆或拉索连接。在此类玻璃幕墙的结构中，充分体现了机械加工的精度，每个构件都十分的细巧精致，本身就构成了一种结构美。

点支式玻璃幕墙是一门新兴技术，它体现的是建筑物内外的流通和融合，改变了过去用玻璃来表现窗户、幕墙的传统做法，强调的是玻璃的透明性。透过玻璃，人们可以清晰地看到支撑玻璃幕墙的整个结构系统，将单纯的支撑结构系统转化为可视性、观赏性和表现性建筑形式。（图 4-22、图 4-23）

二、金属幕墙

金属质感的饰面，简洁而挺拔，具有独特的现代都市风味。金属板幕墙是由工厂定制的折边金属薄板作为外围护饰面。金属板幕墙是二战以来就已经发展起来的一种建筑装饰。由于战后铝材生产过剩，它被大量转向用在建筑上，铝合金幕墙得以广泛地应用。同时，也相继出现经加工处理过的钢板板材，如彩色压型钢板、搪瓷板、镀锌板、镀塑板、彩色不锈钢板等。钢板作为华贵的装饰板也适量地用在建筑上。（图 4-24）

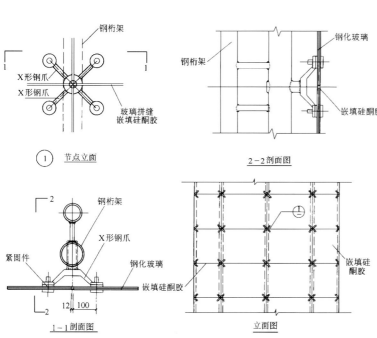

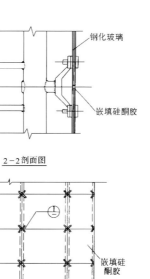

图 4-22 点支式玻璃幕墙

图 4-23 各种点支式全玻璃幕墙

图 4-24 彩色压型不锈钢板运用

金属板幕墙按材料可分为单一材料和复合材料板两种。单一材料板为同种质地的材料，如钢板、铝板、铜板、不锈钢板。复合材料是由两种或两种以上质地的材料组成，如铝塑复合板、搪瓷板、烤漆板、镀锌板、彩色塑料膜板、金属夹心板等。金属幕墙按板面形状分为光面平板、纹面平板、压型板、波纹板、立体盒板等。

1. 金属板材料加工

金属板四面折边，焊缝后用拉铆钉连接角铝和折边。铆钉间距 300mm。金属板四边与框架用自攻螺钉连接。

复合铝板分为室内用板和室外用板，两种板材的表面涂层不同，决定了其适用的不同场合。它是用铝板与聚乙烯泡沫塑料层制造的夹层板，泡沫塑料与两层 0.5mm 厚的铝板紧密黏结，常用的有 3mm、4mm、6mm 三种规格，外层铝板表面喷涂聚氟碳酯涂层，内层喷涂树脂涂层，使复合铝板经久耐用，表面喷涂有几十种颜色可供挑选。复合铝板安装前在铝板背面将 PVC 结构层刨出 45° V 型槽，折边一端套入角铝后弯曲 90°，用 3mm 胶带与背板粘牢。板缝按设计留出，缝内填泡沫胶条，封口打硅铜耐候密封胶。（图 4-25）

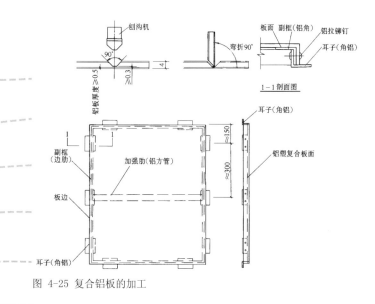

图 4-25 复合铝板的加工

蜂窝铝板是由两层铝板与蜂窝芯材粘接成的一种复合材料。面板表面处理可用氟碳漆、搪瓷漆或聚氨酯漆喷涂。蜂窝板夹层材料为结构胶膜或结构胶黏剂。

2. 金属板幕墙构造

在实际工程中，由玻璃、金属、石材等不同板材组成的组合幕墙比较多。有时同一根横梁上上边为玻璃面板，下边就是金属面板，就是说金属幕墙的骨架（立柱、横梁等）是和玻璃幕墙相似的，这样金属幕墙的立柱（横梁）以及与主体结构的连接构造设计和玻璃幕墙相同。

金属板幕墙有两种构造体系，一种是附着式，另一种是骨架体系。附着式是将其金属板直接安装在钢筋混凝土结构上；骨架体系的金属板幕墙构造基本等同于隐框玻璃幕墙。

骨架体系的金属板幕墙是较为常见的做法。基本构造为：将其幕墙骨架（铝合金型材）固定在主体结构上（梁、柱子、楼板），方法与玻璃幕墙相同，再将金属板用连接固定件固定在骨架上，也可先将金属板固定在框格型材上，再将框板固定在骨架上。金属板幕墙构造可以同隐框玻璃幕墙配合使用，统一划分好立面，协调好金属板与玻璃幕墙的色彩，就可取得理想的装饰效果。（图 4-26）

蜂窝铝板与立柱连接构造，蜂窝铝板固定在铝副框上形成蜂窝铝板装配组件，用压板将蜂窝铝板组件固定在立柱上，接缝处用密封胶填缝密封，蜂窝铝板与横梁连接构造，铝板装配组件用压板固定在横梁上，凸角转角处构造，先制作蜂窝铝板转角装配组件，再将组件用压板固定在两边立柱上。

防火节点要采用优质防火棉，防火棉连续密封于楼板及金属板之间的空隙。防雷接地应由其他单位负责。

三、石材幕墙

石材以其自然、厚重、华贵等独特的优势，成为当今建筑中重要的幕墙材料。幕墙所使用的石材主要为天然花岗石。花岗岩根据饰面处理方式不同，可分成磨光花岗岩、火烧花岗岩及机刨石等。经过研磨抛光的花岗岩为镜面花岗岩，在建筑中显得熠熠生辉，富丽堂皇，火烧石则质朴、自然、色质内含。由于湿贴法固有的缺陷，石材干挂法在室内外装饰工程，幕墙工程中被普遍采用，干挂石材幕墙构造有以下几种典型的构造方式：

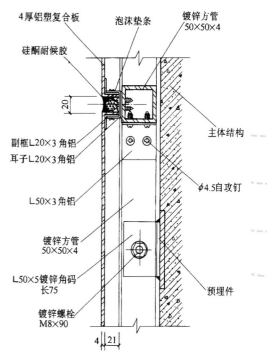

图 4-26　复合铝板的安装构造

1. 钢销式

钢销式干挂法又称为插针法，是干挂石材工艺中最早的做法，也是最简洁的做法。它是在石材的端面钻孔，用钢销与托板固定石材，可分为两侧和四侧连接，特点是上下两块石材面板固定在同一支钢销上，钢销固定在托板上，托板与骨架固定。此结构工艺简单，但石材板面局部受力，抗变形能力差，破损后不宜更换，适用于高度 20m 以下的低层建筑使用。

2. 半圆槽结构

半圆槽结构属于干挂技术第二代产品，它是在石板的上下端面铣成半圆槽口，将相邻两块石材一起固定在 T 型型材上。T 型型材可以是铝合金，也可以是不锈钢，T 型型材再与骨架固定。此结构受力较销钉合理，较易吸收变形，但板块破损后也不宜更换。

3. 通长槽结构

通长槽结构与半圆槽结构相近，在石材上下端面开通长槽口，采用通长铝合金卡条固定，其特点是受力合理，可靠性高，板块抗变形能力强，板块破损后可实现更换，适用于高层建筑，尤其在单元式石材幕墙中，多采用这种做法。

4. 小单元式结构

小单元式结构是短槽式石材幕墙的一种形式，石材面板通过铝合金挂钩与骨架相连，相邻石材面板均是独立与骨架相连，不再是共同连接，每个石材板块均是独立的，板块破损后能独立更换破损石材板块，其抗变形能力和抗震性能较半圆槽结构有所提高。

5. 背栓式结构

背栓式干挂法是在石材的背面采用专用钻孔设备钻孔，然后安装无应力螺栓固定，再通过铝合金挂钩与骨架相连。此结构属于石材干挂技术第三代产品，是目前世界上较为先进的技术，特点是实现石材的无应力加工，石材连接强度高，节省强度值 30% 左右（与短槽式相比），板块可单独拆装，维护方便。（图 4-27）

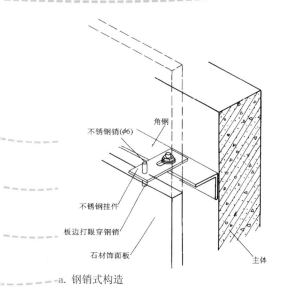

a. 钢销式构造

角钢
不锈钢销(φ6)
不锈钢挂件
板边打眼穿钢销
石材饰面板
主体

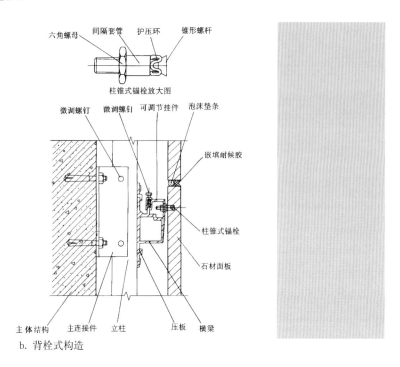

六角螺母　间隔套管　护压环　锥形螺杆

柱锥式锚栓放大图

微调螺钉　微调螺钉　可调节挂件　泡沫垫条

嵌填耐候胶

柱锥式锚栓

石材面板

主体结构　主连接件　立柱　压板　横梁

b. 背栓式构造

c. 型钢结构构造

d. 最终效果

图 4-27 石材干挂构造工艺

第三节　柱面装饰构造

柱子在建筑结构中属于重要的节点部位，同时也是人的视觉中心所在。在装饰装修工程中，柱面装修效果对装饰工程本身影响较大。柱面装修与墙面基本相同，但也有它的特殊性。柱子分为柱基础（底座）、柱身、柱头三个部分。装修中也要对此分别进行设计，最终融为一体。在柱面装修中多以包柱和方柱加大、方柱改圆柱居多；有的工程还做一些装饰假柱来显示特定的环境气氛。

柱面装饰由于材料不同，构造方式也有所不同。柱面装饰构造主要有石材饰面、木制品饰面、金属板饰面和石膏板饰面。有时各类饰面也可分块组合装饰，效果更加丰富。

一、石材柱面装饰

石材柱面装饰主要有方柱饰面、圆柱饰面、方柱加大饰面、方柱改圆柱饰面。石材柱面构造做法有钢筋网系挂、骨架式干挂和普通粘贴法。柱子改装和柱子加大，都采用龙骨制作出造型，然后再做石材饰面，龙骨的材料主要是方木龙骨和角钢龙骨。（图 4-28）

二、罩面板柱面装饰

罩面板柱面装饰饰面是指用饰面板材进行包柱的做法。装

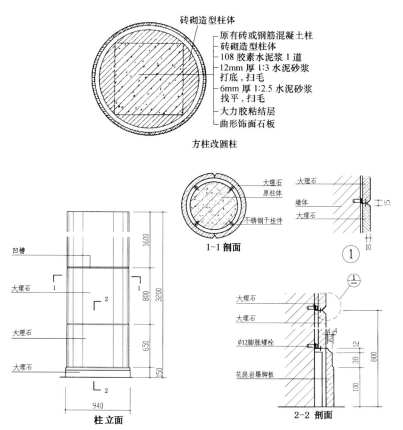

石材造型柱

图 4-28　石材柱面装饰构造

饰罩面板饰面材料有多种，包括胶合板、防火板、铝塑复合板、不锈钢板、铝合金板等。这些材料的包柱做法大体相同，即用防水材料做柱面处理，固定好木龙骨，在龙骨钉衬板，粘贴饰面板，最后油漆（木制品）。有时也可不用龙骨直接固定。不同材料组合做法稍显复杂，在造型上，材料的搭配上要多做考虑。如图 4-29 所示。

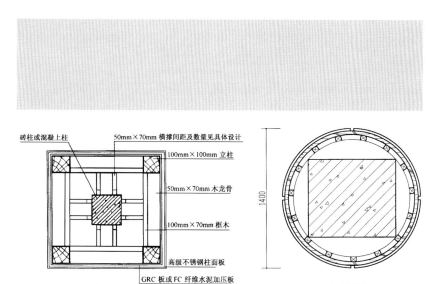

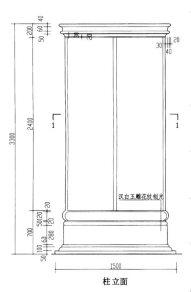

木材装饰柱　　　　　　　　不锈钢包柱饰面

图 4-29 不锈钢包柱饰面构造

三、纸面石膏板包圆柱饰面

纸面石膏板包圆柱做法是将原来的柱子加大，或者进行改装。首先设计好造型，要考虑到纸面石膏板所能承受的弯曲度。做法是先将沿顶和沿地龙骨做弯曲固定，在沿顶和沿地龙骨之间按一定距离固定好竖向轻钢龙骨，再将纸面石膏板和龙骨固定。纸面石膏板面层可刷涂料，也可贴墙纸，但要打好腻子。（图4-30）

四、装饰假柱饰面构造

装饰假柱就是原先没有柱子，为了提高装饰效果，提升室内局部重点部位的环境气氛而增加的项目。装饰假柱本身不是建筑结构构件，因此他不承重。装饰假柱首先要用龙骨做成骨架造型，再固定衬板，外贴饰面板材、玻璃等各种饰面。做好后外观和真柱没有区别。

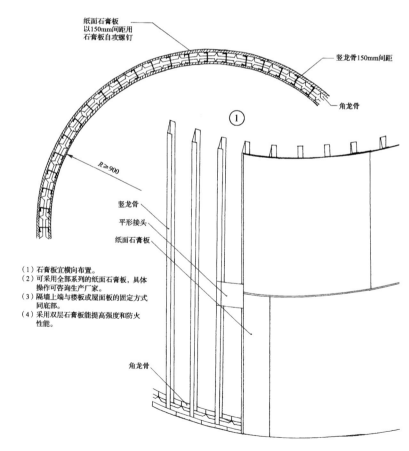

纸面石膏板
以150mm间距用
石膏板自攻螺钉

竖龙骨150mm间距

角龙骨

①

R≥900

竖龙骨

平形接头

纸面石膏板

（1）石膏板宜横向布置。
（2）可采用全部系列的纸面石膏板，具体操作可咨询生产厂家。
（3）隔墙上端与楼板或屋面板的固定方式同底部。
（4）采用双层石膏板能提高强度和防火性能。

角龙骨

图 4-30 纸面石膏板包圆柱饰面构造

作业与要求：

一、简答题

1. 隔墙与隔断有何区别？

2. 简述木质隔墙的构造做法。

3. 简述常用隔断的几种形式及做法。

4. 简述铝全框架玻璃隔断节点构造。

5. 简述轻钢龙骨纸面石膏板隔墙的构造做法。

6. 幕墙的组成部分有哪些？

二、某室内空间装饰施工图设计实训

1. 实训目的

理论联系实践，运用所学装饰构造原理，对实际工程进行装饰构造设计。培养学生掌握和灵活的运用知识能力，综合想象构思的能力，分析问题和解决问题的能力，规范的装饰施工图表达能力。

2. 实训条件与设备

教师提供某一空间的整套施工图（平面图、立面图），通过对某一空间进行设计，重点是对隔断装饰构造的设计与表达，要求能够规范的表达设计意图。

3. 实训内容及步骤

（1）参观实训

安排课外施工现场参观，分析各部位装饰构造的设计及做法。并作出参观实训报告。

（2）识图实训

教师提供 2 ～ 3 套具有代表性的隔断装饰工程施工图，引导学生正确的识读图，结合所学装饰构造原理，要求学生总结工程实例构造技术要点，提出问题、分析问题和解决问题。

（3）设计绘图实训

根据实训课题，独立完成绘制实训课题要求的装饰装修构造施工图，包括：平面布置图、地面铺设图、顶棚图、立面图、剖面图、节点详图等。

步骤：

（1）收集相关资料，分析同类装饰工艺的构造。

（2）根据所给条件和要求，有针对性的提出问题、分析问题，并找出解决问题的方法。

4. 实训课时安排（8 学时 + 课外 1 周）

课时安排由三部分组成：

（1）前期：统一分析讨论问题，提出方案，完善方案。

（2）中期：继续完善方案，并根据方案绘制施工图。

（3）分析、讲评、总结。

5. 预习要求

（1）收集相关资料，分析同类装饰工艺的构造。

（2）实训室观摩，施工现场参观，了解装饰装修构造的各种装饰工艺与构造。

三、室内装饰墙柱构造再造实训

1. 实训目的

根据前阶段的装饰构造细部构造大样实训，能够对传统装饰材料、新技术和工艺等进行构造设计再造。

2. 实训条件

教师提供某一室内装饰细部（墙柱体）基本条件，学生选择传统装饰材料、新技术和工艺某个着眼点，进行构造设计再造。

3. 实训内容及步骤

内容：

（1）要求绘制细部装饰构造的立／平面图、大样详图。

（2）表达要求符合规范，符合国家制图标准。

步骤：

（1）收集相关资料，确定再造设计的传统装饰材料、新技术和工艺某个着眼点。

（2）根据所给条件和要求，有针对性的提出问题、分析问题，并找出解决问题的方法。

4. 实训课时安排（5 学时＋课外 1 周）

课时安排由三部分组成：

（1）前期：统一分析、讨论问题，提出方案，完善方案。课堂时间完成。

（2）中期：继续完善方案，并根据方案绘制装饰构造大样。课堂或课后时间完成。

（3）分析、讲评、总结。课堂时间完成。

5. 预习要求

（1）收集相关资料，分析同类装饰工艺的基本构造。

（2）装饰市场，实训调研材料构造特点。

附：学生作业举例（图 4-31、图 4-32）

作业点评：

从图 4-31 所示的作品来看，该生已经具备初步的施工图绘制能力，在对构造节点理解的基础上也能形成自己设计思路，能够进行一些简单的构造设计，假以时日便能取得更好的成果。但也应该看到，施工图本身还有很多需要完善的地方，比如两个剖面图就有缺陷。

作业点评：

图 4-32 所示的作品制作非常认真，能够注意到很多细节，是难能可贵的。制图的规范性比以前要好多了，继续努力。

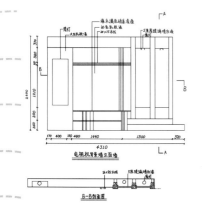

图 4-31 作业一

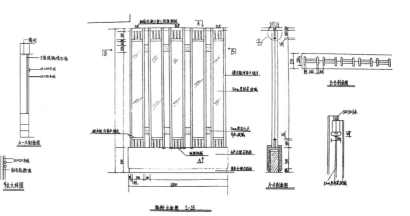

图 4-32 作业二

第五章　顶棚装饰构造

学习目标：本章全面论述了顶棚的常用材料及构造方法。要求了解掌握室内不同类型顶棚的材料使用与构造，能根据设计的要求合理地选择使用材料。熟悉各类顶棚的细部构造节点，掌握各种形式顶棚的施工图和构造节点图的绘制。

学习重点：1. 掌握顶棚常用材料的选择与使用；2. 掌握各种不同形式顶棚的细部构造及做法。

学习难点：各种形式顶棚的施工图和构造节点图的绘制。

第一节　顶棚概述

在装饰工程中，顶棚是室内三大主要界面之一，在室内设计中占据十分显要的位置。顶棚是屋顶下或楼板层外表面的装饰构件，称为吊顶或天花板。顶棚的构造设计与类型选择，应该从多方面去考虑与衡量，它应该包括建筑的使用功能，建筑的声学、建筑环境色彩与照明，建筑设备、建筑的防火安全、建筑施工规范等。用以保证室内空间正常的使用，创造良好的室内空间环境。

一、顶棚装饰的功能与作用

顶棚的装修主要是为了满足人们对室内空间的使用需求，以及对空间所拥有的环境气氛、人文因素等，在心理、生理和精神方面得到满足。

1. 改善室内空间环境，满足使用功能需求

顶棚装饰，应当充分考虑到热、工、声、光等技术性能，改善室内空间环境。处理好顶棚的通风与照明，采取措施利用顶棚进行保温、隔热、吸声等物理环境方面的改进。对于建筑中安装的消防设备、采暖通风设备及管线等，要给予适当处理，将之遮蔽起来，使室内空间环境更加协调。

2. 美化空间环境，满足人们的精神需要

顶棚是室内空间的三大主要界面之一，它的空间形式的处理，光影效果展现、色彩与材质质感的把握等，对于营造室内环境，烘托空间气氛起着极其重要的作用。良好的顶棚装饰会使人倍感亲切，带来美的享受。

二、顶棚装饰构造的特点与设计要求

1. 顶棚装饰构造的特点是技术要求高、难度大、灵活度大。

2. 设计要求：

（1）设计的耐久性：包括使用的耐久性、装饰质量耐久性；

（2）设计的安全性：面层与基层连接牢固，材料本身强度要求高；

（3）施工的复杂性：以安装方便、操作简单、省工省料为原则。

三、顶棚的分类

1. 按顶棚外观的分类，可分为平滑式顶棚、井格式顶棚、悬浮式顶棚、分层式顶棚、折板式顶棚、藻井式顶棚等。（图 5-1）

2. 按顶棚承受荷载能力的大小可分为上人顶棚和不上人顶棚。

3. 按顶棚具体构造做法可分为直接式顶棚与悬吊式顶棚。

a. 平滑式顶棚

c. 藻井式顶棚

b. 井格式顶棚

d. 分层式顶棚

图 5-1 形式多样造型各异的顶棚

（1）直接式顶棚

　　直接式顶棚是在楼板下或屋面内表采用直接抹灰、喷浆、粘贴装饰材料，或固定搁栅后再抹灰、喷浆、粘贴装饰材料等的构造做法。直接式顶棚一般包括直接抹灰顶棚、直接搁栅顶棚和结构顶棚等几种。

　　（2）悬吊式顶棚又称吊顶、天花板。是通过悬挂的方法，将顶棚与主体结构连接形成一个整体，顶棚构件离楼板或屋面结构层有一定的距离。按结构构造样式，往往包括活动式装配吊顶，隐蔽式装配吊顶，板材式吊顶，开敞式吊顶和整体式吊顶等。

第二节　直接式顶棚装饰构造

　　直接式顶棚装饰构造简单，造价低，对室内空间高度影响不大，使用功能较为单纯。比较适用于对装修等级要求不高的建筑，如一些普通住宅、学校教室、普通办公室、百货商店、大超市等。

一、直接式抹灰顶棚

直接式抹灰顶棚是在楼板下和屋面的内表进行直接抹灰的做法。先在楼板或屋面内表面刷一遍纯水泥浆（可以加适量108胶），然后用1：1：6（或1：1：4）的水泥石灰砂浆打底找平，表面再做面层抹灰。要求高的房间，在表面增设一层钢板网后再做抹灰。直接式抹灰顶棚中间层、面层的构造做法与内墙面抹灰构造做法相同。表面可以喷涂各种内墙涂料、油漆、乳胶漆，裱糊各类壁纸、壁布等。

1.饰面板　2.覆面龙骨　3.主龙骨　4.楼板

图 5-2 直接式搁栅顶棚构造示意

二、直接式搁栅顶棚

要求楼板下或屋面内表的底面平整，可以将搁栅直接固定。这种顶棚与悬吊式顶棚的主要区别是不使用吊筋。搁栅一般采用断面为30mm×（40～50）mm左右的方木，间距500～600mm双向布置。搁栅龙骨表面再铺钉各种板材进行饰面处理，如胶合板、PVC板、石膏板等。也可在各种板材表面再次进行饰面处理，如喷刷乳胶漆，裱糊各种壁纸等。木搁栅表面应提前做好防腐和防火处理。（图5-2）

三、结构顶棚

结构顶棚是充分利用建筑物原有的顶部结构构件，不再另做顶棚，顶部结构本身就作为自然的顶棚使用。这种结构顶棚大大节省了空间，采光效果较好，是现代钢结构建筑的表现形式。许多大跨度公共建筑采用的网架结构等空间结构体系均属此类。

结构顶棚是一种新型建筑顶棚表现形式，它极大地丰富了顶棚的艺术化的表现力。那些钢结构线条交织在一起，既是结构受力的需要，又表现出了线条的力量与韵律之美。在设计中，我们要充分利用顶棚的这些自然而美观的结构形式，使之与通风、照明、防火等设备巧妙的融合，就可以形成自然优美而又统一的室内空间环境。

结构顶棚形式有网架结构、拱结构、悬索结构、井格式梁板结构等。结构顶棚可运用一些特殊的装饰手法以增强其装饰艺术表现力。进行色彩调节、强调光照效果、改变构件材质、借助装饰品等。（图5-3）

a. 直接式钢结构顶棚

图 5-3 直接式结构顶棚样式

b. 直接式木结构顶棚

c. 直接裸露内部设备涂刷暗色加之顶部照明可以将人的注意力引导到下面的展品上

第三节　悬吊式顶棚装饰构造

悬吊式顶棚的构造比直接式顶棚要复杂，技术难度大，施工工艺水平要求更高。按承载能力的大小分为上人吊顶和不上人吊顶两类。顶棚的表面与顶部结构层之间有一定的空间距离，这样就可以将建筑设备及管线放进去，进行隐藏处理，所以也叫遮蔽式顶棚。我们也可以利用顶棚的这一特定的空间，进行顶棚造型及内部构造的设计，使顶棚的形式感更强，更加美观。

悬吊式顶棚可灵活调节高度，丰富顶棚空间层次和形式。因此，它也会占用较大的空间，往往需要预留足够的空间，所以如果层高不够就只能考虑采用直接式做法。

悬吊式顶棚主要由悬吊系统（吊筋、吊点、吊挂连接件等）、龙骨系统（包括主龙骨、次龙骨、横撑龙骨）、饰面层等三部分组成。（图5-4）

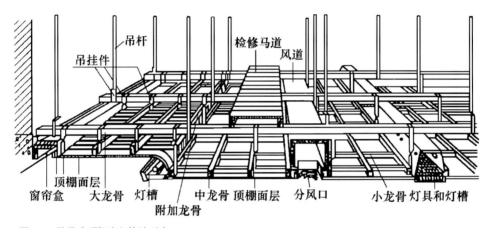

图 5-4 悬吊式顶棚内部构造示意

一、顶棚材料吊筋、龙骨及饰面材料的作用与分类

1. 吊筋

吊筋不仅要承受顶棚的荷载，而且要将其传递给建筑的承重结构，吊筋可以上下调整、确定顶棚的空间高度，以适应不同部位、多种装饰处理的需要。吊筋的材料有方木、型钢、钢筋、镀锌铁丝等。吊筋按荷载类型又划分为上人吊顶吊筋、不上人吊顶吊筋。（图5-5）

2. 龙骨骨架

龙骨骨架有主龙骨、次龙骨、横撑龙骨等。龙骨是整个顶棚的结构骨架系统，主要起到均匀受力支撑顶棚重量的作用。

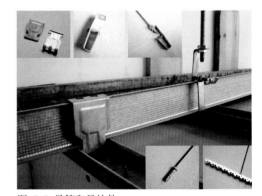

图 5-5 吊筋和吊挂件

同时，骨架也要承受顶棚饰面层的重量，并通过吊筋把荷载传递到上部承重结构。龙骨采用的材料有木龙骨、金属龙骨（轻钢龙骨、铝合金龙骨）等。木龙骨主要采用现成的方木。轻钢龙骨的断面形状有：U形、C形、Y形和L形等。铝合金龙骨的断面形状有L形和T形。（图5-6）

3. 饰面层

饰面层是顶棚表面的装饰层，它附着在龙骨骨架上，在室内空间中最具艺术性和观赏价值，饰面层也

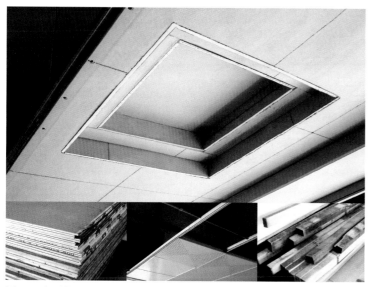

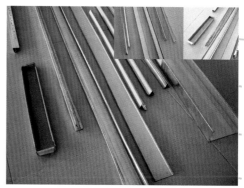

图 5-7　各种饰面层的材料　　　　　　　　　　　　图 5-6　轻钢龙骨和铝合金龙骨材料

可以运用特殊的材料和工艺，以改善室内环境，以达到室内保温、吸声、热反射等功能。饰面层的材料包括纸面石膏板、胶合板、钙塑板、矿棉吸音板、铝合金金属板、PVC 塑料板等。饰面层的构造设计要结合灯具、风口等进行布置。（图 5-7）

二、木龙骨吊顶装饰构造

1. 木龙骨与吊筋构造

在家庭装修或一些小面积的顶棚工程中，木龙骨吊顶始终是使用较多的装饰手法之一。木龙骨吊顶属于传统的装修方法，它施工方便，木质材料加工容易，特别适合加工有一定造型要求的顶棚的工程。木龙骨要经过防腐和防火处理。木龙骨吊顶的主龙骨截面一般为 50 ～ 70mm 方木，中距 900 ～ 1200mm，用 30 ～ 40mm 木吊筋和楼板固定，也可用 ϕ6 螺栓吊筋或 ϕ8 螺栓吊筋与楼板固定。次龙骨截面为 40mm × 40mm 方木，间距依据面板规格而定，应该符合板材模数。一般为 400 ～ 500mm，通过吊木垂直于主龙骨双向布置。吊点一般按每平方米一个，在顶棚均匀布置。如有迭级造型要求的顶棚，应在分层交界处置设置吊点，间距一米左右。大型灯具设备等要单独设置吊点。（图 5-8）

2. 饰面层板材构造

饰面层的做法有传统的板条抹灰法。这种顶棚造价较低，适用于标准较低的建筑。抹灰工程湿作业量大、工期长，容易出现龟裂，甚至破坏性脱落，防火性能差。可以在板条上加钉一层钢板网再抹灰，即形成板条钢板网抹灰吊顶，可有效防止抹灰层的开裂脱落，防火性好，适用于要求较高的建筑。

木龙骨吊顶使用最多的还是木质板材饰面层做法。木质板材品种多，如胶合板、纤维板等，其优点主要是施工速度快、干作业，故比抹灰吊顶应用更广。板材通过钉接的方法和龙骨进行连接。吊顶面层接缝形式为对缝、凹缝和盖缝。（图 5-9）

三、金属龙骨吊顶装饰构造

金属龙骨吊顶在当今顶棚装修工程中使用较为普遍，金属龙骨骨架采用薄壁型轻钢和铝合金材料制造，材料本身质轻、刚度大，吊装容易方便。金属龙骨吊顶采用规模化工业化生产，材料之间相容性好，拆装

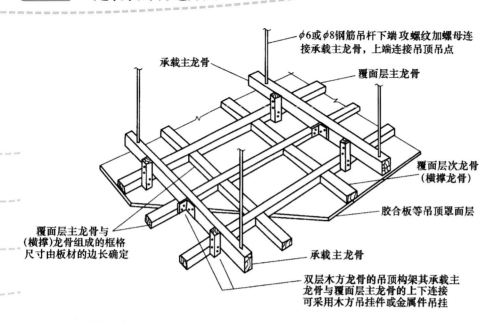

承载主龙骨

φ6或φ8钢筋吊杆下端攻螺纹加螺母连接承载主龙骨，上端连接吊顶吊点

覆面层主龙骨

覆面层次龙骨（横撑龙骨）

胶合板等吊顶罩面层

覆面层主龙骨与（横撑）龙骨组成的框格尺寸由板材的边长确定

承载主龙骨

双层木方龙骨的吊顶构架其承载主龙骨与覆面层主龙骨的上下连接可采用木方吊挂件或金属件吊挂

a. 木龙骨吊顶结构示意图

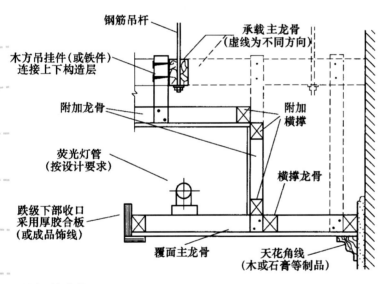

钢筋吊杆

承载主龙骨（虚线为不同方向）

木方吊挂件（或铁件）连接上下构造层

附加龙骨

附加横撑

荧光灯管（按设计要求）

横撑龙骨

跌级下部收口采用厚胶合板（或成品饰线）

覆面主龙骨

天花角线（木或石膏等制品）

b. 迭级顶棚构造

图 5-8 木龙骨吊顶构造

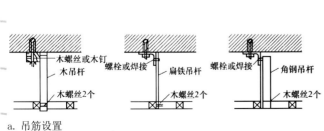

木螺丝或木钉

木吊杆

木螺丝2个

螺栓或焊接

扁铁吊杆

木螺丝2个

螺栓或焊接

角钢吊杆

木螺丝2个

a. 吊筋设置

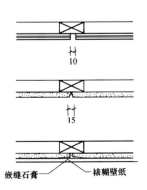

金属装饰条

3~6

10

15

嵌缝石膏

裱糊壁纸

b. 木吊顶饰面板细部构造

图 5-9 木吊顶饰面板构造及吊筋设置

成形轻便快捷、工期短，基本无污染。

　　金属龙骨吊顶克服了传统的木吊顶的许多不确定因素，整体安全性高于木吊顶。木材是不可再生资源，用金属龙骨替代传统的木龙骨，符合装饰装修的环保性要求，是未来建筑装饰技术的发展方向，但金属龙骨也有难于造型制作的缺点，通常还是用木材来做造型，这就是用金属龙骨加木制品饰面造型的组合式顶棚的构造做法。这种组合式顶棚主要针对在造型有特殊要求的工程。特别是一些高档家装和重点建筑的重点部位装修。

　　1. T形金属龙骨吊顶

　　T形金属龙骨吊顶常用于公共建筑的室内装修，特别是办公室、会议室、底层大厅、卫生间等房间的顶棚。T形金属龙骨的断面为"⊥"形，组合成表面大小统一的的方格形。顶棚的灯具、通风口、上人孔等设备可分别布置在不同的方格内，小的设备独占一格，大的设备占据两格甚或更多。外观整齐划一、井然有序、美观大方。T形金属龙骨吊顶造价一般，拆装与维修简便，综合性价比优势明显。（图 5-10）

　　（1）T形金属龙骨的分类和构造

　　T形金属龙骨分为T形铝合金龙骨和T形镀锌铁烤漆龙骨。其材料质轻、刚度大、施工简便，属于轻型活动式装配吊顶。骨架一般由U形轻钢龙骨（主龙骨）、T形铝合金龙骨（次龙骨、横撑龙骨）及各种配件组合而成。

　　T形龙骨的基本构造方法分为有主龙骨和无主龙骨，大面积吊顶一定要有主龙骨，而小型吊顶则可省去主龙骨，用次龙骨即可。大面积吊顶要求有起拱设置，按房间短向跨度的 0.1%～0.3% 设置起拱。在结构

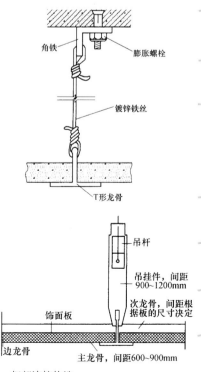

图 5-10 T形金属龙骨吊顶整齐统一美观大方

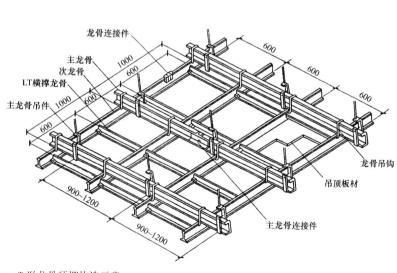

a. T形龙骨顶棚构造示意

图 5-11 T形龙骨顶棚构造

b. 细部连接构造

层安装直径6~8mm圆钢吊筋，用吊挂件将主龙骨与吊筋相接，用金属钩挂件将次龙骨与主龙骨钩挂在一起，将横撑龙骨与次龙骨插接在一起，靠墙部位用L形边龙骨在墙上固定。主龙骨、次龙骨、横撑龙骨都是相互垂直布置。

当采用无主龙骨吊顶时，在吊筋下面连接卡挂件，卡挂件直接将次龙骨卡挂吊起，然后将横撑龙骨与次龙骨插接在一起，其他做法与主龙骨吊顶的做法相同。（图5-11）

（2）T形龙骨吊顶饰面层构造

T形金属龙骨吊顶饰面板材主要采用石膏板、矿棉纤维板和玻璃纤维板等，此类板材防火等级高，具有一定的吸声功能，一般直接安装在金属龙骨上。常见的安装方式有明装式（暴露骨架）、暗装式（隐蔽骨架）和半隐式（部分暴露骨架）三种。

①T形龙骨明装式

明装式构造方法是将饰面板直接搁置在"⊥"形龙骨的翼缘上，使金属龙骨外露。（图5-12）

a. 外观

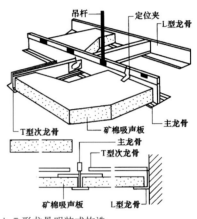

b.T形龙骨明装式构造

图5-12 T形龙骨明装式

②T形龙骨暗装式

暗装式的构造是将顶棚饰面板的侧边都做成槽口（又称卡口或暗槽），将企口插入"⊥"形龙骨的翼缘中，从而使T形龙骨隐蔽在饰面板企口凹槽内。（图5-13）

③T形龙骨半隐式顶棚

龙骨半隐式构造是将顶棚饰面板的两边做成企口，将企口插入"⊥"形龙骨的翼缘中，另两边直接搁置在"⊥"形龙骨的翼缘上，使一部分龙骨隐藏，另一部分龙骨外露。（图5-14）

2. 轻钢龙骨纸面石膏板吊顶

轻钢龙骨纸面石膏板吊顶设置灵活，装拆方便，具有轻质高强、防火、安全等优点，被广泛用于公共建筑的室内装饰。轻钢龙骨又称U形轻钢龙骨，是用镀锌钢板、冷轧钢板，采用冷弯工艺生产的薄壁类型钢。

轻钢龙骨骨架主要由主龙骨、副龙骨、横撑龙骨、吊挂件及连接件组成。龙骨骨架按承重荷载大小分为轻型、中型和重型三类。轻型指不上人顶棚，如DU38系列或无主龙骨顶棚。中型指荷载能够承受偶然上人，有时铺设简易检修马道，如DU50系列。重型指能够承受80kg检修荷载，可在吊顶上铺设永久检修马道的顶棚，如DU60系列。不同荷载大小的顶棚应选用相应的龙骨系列及其配件。（图5-15）

a. 外观

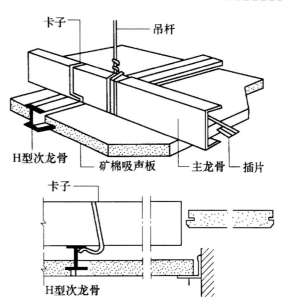

b. T形龙骨暗装式构造

图 5-13 T形龙骨暗装式

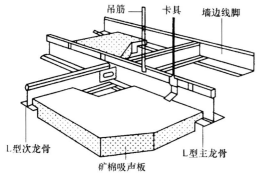

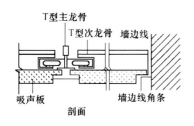

图 5-14 T形龙骨半隐式构造

图 5-15 轻钢龙骨材料及其配件

（1）轻钢龙骨吊顶的构造要求

轻钢龙骨吊顶主龙骨间距一般 ≤ 1200mm，次龙骨和横撑龙骨的间距应与饰面板材的规格相适应，符合模数。一般为 500 ~ 600mm。吊杆一般采用直径不小于 6mm 的圆钢，吊杆与结构层预埋件的连接有焊接、勾挂、捆扎等方式。当结构层无法用吊钩预埋件时，可用膨胀螺栓固定角钢并同吊杆焊接。吊顶吊点的间距一般为 900 ~ 1200mm，吊点分布应均匀。面积较大的吊顶，为保证顶棚的水平度，减少视觉上的下坠感，顶棚中部应起拱。起拱高度一般为顶棚跨度的 0.1% ~ 0.3%。（图 5-16）

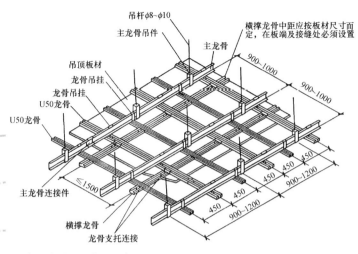

a. 轻钢龙骨吊顶构造示意

b. 轻钢龙骨吊顶内部

图 5-16 轻钢龙骨纸面石膏板吊顶构造

（2）轻钢龙骨石膏板吊顶饰面做法

轻钢龙骨石膏板吊顶饰面材料有纸面石膏板、矿棉吸声板、石棉水泥板、钙塑板等，其中使用最广泛的是纸面石膏板。纸面石膏板的长边应沿纵向次龙骨铺设，通常采用平头自攻螺钉与龙骨固定。钉距以 150 ～ 170mm 为宜，螺钉距石膏板长边以 10 ～ 15mm，距短边（即切割边）以 15 ～ 20mm 为宜。钉头应埋入板内 2mm，并对钉帽涂刷防锈漆。自攻螺钉进入龙骨的深度应大于 10mm。纸面石膏板的短边必须采用错缝安装。错开距离应大于 300mm，一般以一个覆面龙骨的间距为基数。石膏板接缝处采用接缝胶带或穿孔纸带和嵌缝腻子（一般用石膏腻子）进行处理。（图 5-17、图 5-18）

3. 金属饰面板吊顶

金属饰面板表面光洁、线条刚劲明快，效果显著。金属饰面板吊顶所用的材料主要有铝合金板、薄钢板等轻质金属板。铝合金板表面作电化铝饰面处理，薄钢板表面可用镀锌、涂塑、涂漆等防锈饰面处理。金属板有打孔和不打孔的条形、方形等形材。其特点是轻质、耐久、防火、防潮，色泽美观大方，具有独特的金属质感。金属饰面板吊顶构造简单，安装方便，被广泛应用于大厅、会议室、卫生间等部位的吊顶装修。

金属饰面板吊顶采用 L 形、T 形金属龙骨、条板卡式龙骨做骨架。如要承受较大荷载的吊顶，一般采用轻钢龙骨做主龙骨，并与 L 形、T 形金属龙骨或金属嵌入式龙骨、条板卡式龙骨相配合，形成双层龙骨形式的吊顶。如只承受自重而无附加荷载的吊顶，通常采用单层龙骨。

金属饰面板的形状有条板和方板两类。金属条板常用宽度尺寸为 86mm、106mm、136mm 等，厚度为 0.5 ～ 0.8mm。金属方板常用尺寸为 500mm×500mm，600mm×600mm，496mm×996mm，596mm×1196mm 等。金属条板一般采用卡扣式安装，金属方板则常采用搁置式安装或卡入式安装。（图 5-19、图 5-20）

四、开敞式顶棚

开敞式顶棚又称栅栅吊顶，是近年来非常流行一种顶棚样式。其造价低廉，拆装方便，在工装中使用较为普遍。

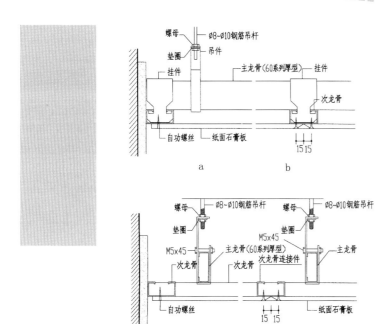

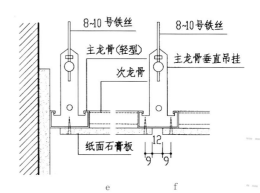

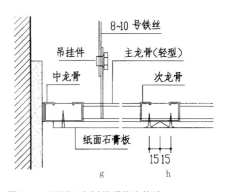

图 5-17 纸面石膏板吊顶节点构造

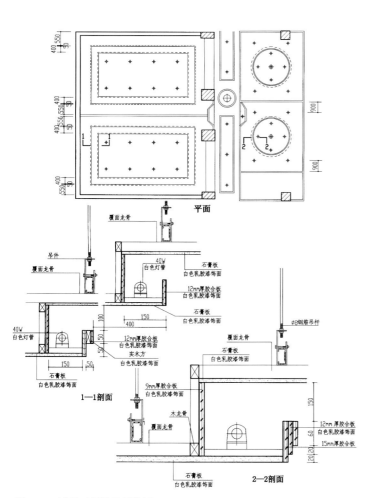

图 5-18 纸面石膏板吊顶举例

开敞式顶棚表面开口，既遮且透，室内上部空间的设备、管线和结构清晰可见，使室内空间生动活泼，具有独特的效果。开敞式顶棚的上部处理对装饰效果影响很大。常用的做法是将上部结构、设备和管线涂刷一层灰暗的颜色，敞口部分设置灯光向下照射，提高了空间的亮度，使人们忽略了吊顶内部的设备，把注意力集中在下面的物体上。

开敞式顶棚极大地丰富了建筑顶部的表现形式，使现代建筑顶部的风格变得简洁大方，实用性更为突出。其造型具有平面构成艺术的特征，富有韵律感和时代美。

开敞式吊顶单体构件常用金属、塑料、木质等，形式有方形框格、菱形框格、叶片状、棚栅状等。

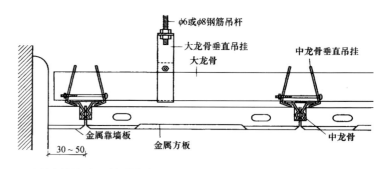

a. 金属方板吊顶双层龙骨构造

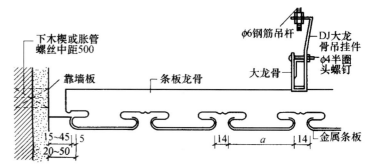

b. 金属条板吊顶双层龙骨构造

图 5-20 地铁站顶部金属方板吊顶

c. 办公空间顶金属条板吊顶处理

图 5-19 金属饰面板吊顶基本构造

开敞式顶棚的安装有两种方法：

（1）直接固定法，即对本身有一定刚度的单体构件或组合体，将构件直接用吊杆吊挂在结构层上；

（2）间接固定法，即对本身刚度不够，或吊点太多、费工费时的构件，将单体构件固定在可靠的骨架上，再用吊杆将骨架吊挂在结构层上。（图 5-21、图 5-22）

五、透光材料顶棚

透光材料顶棚的特点是整体透亮，顶棚饰面板采用有机灯光片、彩绘玻璃等透光材料，光线均匀，减少压抑感。彩绘玻璃图案丰富、装饰效果好。透光材料顶棚大面积使用时，耗能较多，且技术要求较高，占据较多的空间高度。

　　透光材料顶棚饰面材料固定采用搁置、承托、螺钉、粘贴等方式与龙骨连接。采用粘贴时应设进入孔和检修走道。顶棚骨架必须设置两层，分别支承灯座和面板，上下层之间用吊杆连接。将上层骨架用吊杆与主体结构连接，构造做法同一般吊顶。（图5-23、图5-24）

六、软质顶棚

　　采用绢纱、布幔等织物或充气薄膜来装饰顶棚。特点是可自由改变形状，能营造出一种温暖祥和的气氛，具有东方式的浪漫风情。软质顶棚构造的造型以自然流线型为主体，选用具有耐腐蚀、防火、强度较高的织物、薄膜，进行技术处理。悬挂固定在建筑物的楼盖下或侧墙上，设置活动夹具，以便拆装。需要经常改变形状的顶棚，要设置轨道，以便移动夹具，改变造型。（图5-25）

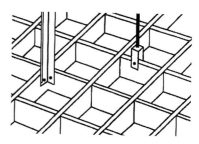

a. 直接固定

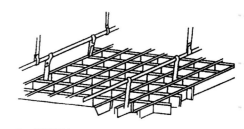

b. 间接固定

图 5-21 开敞式顶棚的安装

图 5-22 开敞式顶棚简洁大方富有韵律美

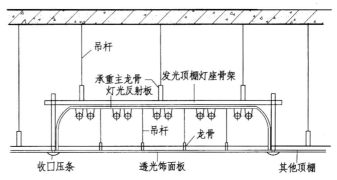

图 5-23 透光材料顶棚构造

图 5-24 透光材料顶棚效果

图 5-25 富有东方风情的软质顶棚

第四节　顶棚特殊部位构造

顶棚特殊部位构造，主要针对顶棚工程中的一些细节所做的节点构造设计。顶棚细部构造关系到顶棚工程的最终质量。

一、顶棚与墙面连接构造

顶棚与墙面连接构造是指顶棚与墙体交接部位节点构造。顶棚边缘与墙体固定因吊顶形式不同而异，通常采用在墙内预埋铁件或螺栓、预埋木砖、射钉连接、龙骨端部伸入墙体等构造方法。如图 5-26 所示。

二、顶棚与窗帘盒构造

窗帘盒构造最普遍的做法是和顶棚做整体化设计。窗帘盒可以隐蔽在顶棚上，并在顶棚龙骨上固定，窗还可以与照明灯具、灯槽结合布置。窗帘盒构造如图 5-27 所示。

三、灯饰、通风口、扬声器与顶棚的连接构造

灯饰、通风口、扬声器有的悬挂在顶棚下，有的嵌入顶棚内，其构造处理不同，要求设置附加龙骨或孔洞边框，对超重灯具及有振动的设备应专设龙骨及吊挂件。灯具与扬声器、灯具与通风口可结合设置。嵌入式灯具及风口、扬声器等要按其位置和外形尺寸设置龙骨边框，用于安装灯具及加强顶棚局部，且外形尽量与周围的面板装饰形成统一整体。

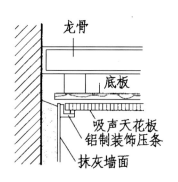
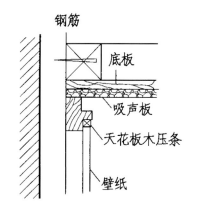
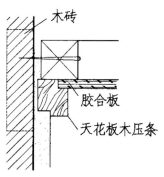

图 5-26 顶棚与墙面连接构造

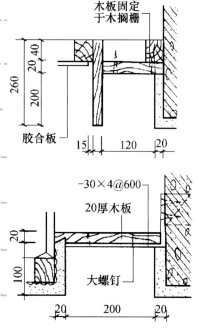
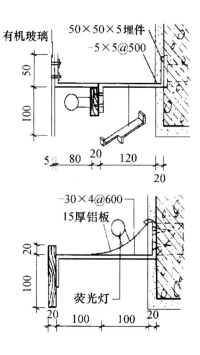

图 5-27 顶棚与窗帘盒交接构造

四、迭级顶棚的高低交接构造处理

主要是高低交接处的构造处理和顶棚的整体刚度。作用是限定空间、丰富造型、设置照明等设备。构造做法是附加龙骨、龙骨搭接、龙骨悬挑等。

五、顶棚检修孔及检修走道的构造处理

检修孔设置要求是检修方便，尽量隐蔽，保持顶棚完整。设置方式为活动板进入孔、灯罩进入孔。对大厅式空间，一般设不少于两个的检修孔，位置尽量隐蔽。检修走道的设置要靠近灯具通风空调、消防等设备等需维修的设施。检修走道设置形式有主走道、次走道、简易走道等。构造要求设置在大龙骨上，并增加大龙骨及吊点。（图5-28）

六、顶棚端部的构造处理

端部造型处理有直角、凹角、斜角等形式。直角时要用压条处理，压条有木制和金属的。（图5-29）

七、顶棚反光灯槽构造处理

反光灯槽的造型和灯光可以营造特殊的环境效果，其形式多种多样。要考虑反光灯槽到顶棚的距离和视线保护角，控制灯槽挑出长度与灯槽到顶棚距离的比值。同时还要注意避免出现暗影。（图5-30）

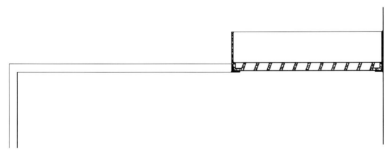

图 5-28 顶棚检修孔细部构造

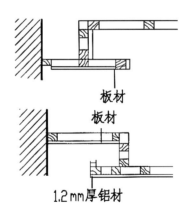

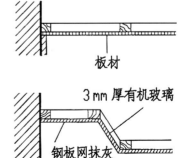

图 5-29 顶棚端部的构造处理

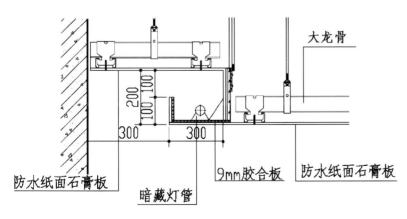

图 5-30 顶棚反光灯槽构造处理

八、顶棚消防设备收口处理

连接消防设备的水管要预留到位，宁可浪费一点。喷淋头相距其他物体应大于800mm，周围无遮挡。顶棚消防设备收口处理如图5-31所示。

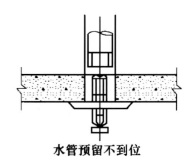

水管预留不到位

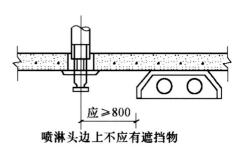

应≥800

喷淋头边上不应有遮挡物

图 5-31 顶棚消防设备收口处理

作业与要求：

一、简答题

1. 顶棚的构造做法有哪几种类型？

2. 什么是直接式顶棚？常见的直接式顶棚有哪几种做法？

3. 什么是悬吊式顶棚？简述悬吊式顶棚的基本组成部分及其作用。

4. 简述钢板网顶棚的装饰构造做法。

5. 简述轻钢龙骨纸面石膏板顶棚的装饰构造做法。

6. 简述矿棉吸声板吊顶的构造特点及安装工艺。

7. 简述木龙骨顶棚的装饰构造做法。

8. 开敞式顶棚有哪些特点？

9. 用简图说明发光顶棚的构造设计要点。

10. 小型嵌入式灯具、嵌入式灯带与顶棚的连接固定构造有何不同之处？

二、悬吊式顶棚装饰构造设计与表达实训

1. 实训目的

通过练习，掌握悬吊式顶棚装饰构造的设计及表达方法。能根据空间的特点及功能要求，综合分析装饰构造类型，能够正确表达悬吊式顶棚装饰构造的施工图。

2. 实训条件与设备

教师提供某一空间的顶棚平面图，让学生根据所学的悬吊式顶棚装饰构造知识，对此顶棚装饰进行剖面及细部的构造分析制图。

自备相关绘图工具（绘图板、丁字尺、三角尺、比例尺、擦线板、绘图笔、A3图纸等）。

3. 实训内容及步骤

内容：

（1）木龙骨夹板或轻钢龙骨埃美特板悬吊式顶棚装饰的剖面图、大样详图，并标注各层结构及构造的做法。

（2）顶棚与墙面相交处的节点大样详图。

（3）顶棚与灯光照明设计的节点大样详图。

（4）顶棚与窗帘盒相交处的节点大样详图。

（5）其他各部位细部的节点详图。

（6）表达内容要求符合规范，符合国家制图标准。

步骤：

（1）收集相关资料，分析同类装饰工艺的基本构造。

（2）根据所给条件和要求，有针对性的提出问题、分析问题，并找出解决问题的方法。

4. 实训课时安排（5学时）

课时安排由三部分组成：

（1）前期：统一分析讨论问题，提出方案，完善方案，课堂时间完成。

（2）中期：继续完善方案，并根据方案绘制装饰构造施工图。课堂或课后时间完成。

（3）分析、讲评、总结。课堂时间完成。

5. 预习要求

（1）收集相关资料，分析同类装饰工艺的构造。

（2）实训室观摩了解悬吊式顶棚装饰的各种装饰工艺与构造。

附：学生作业举例（图5-32）

作业点评：

图5-32所示的作业制作比较认真，在顶棚的构造细节上做得比较好，非常有耐心，但对端部收口好像有些力不从心，端部的材料没有交代清楚。整个图的编排上有些乱的感觉，缺少一个整体的大样图。还可以做一个简要设计说明。

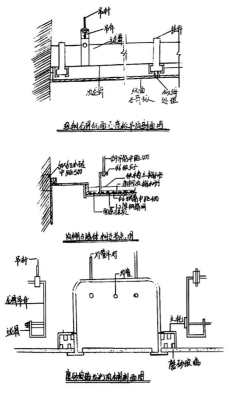
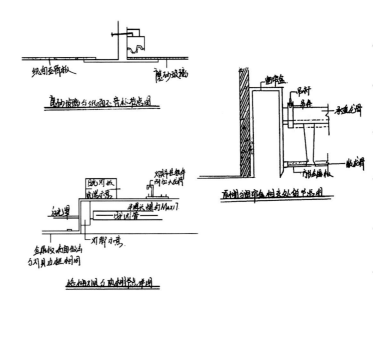

图 5-32 学生作业

第六章 室内其他部位装饰构造

学习目标：要求了解除室内三大界面外的其他部位装饰构造设计。熟悉门窗装饰材料的使用及构造做法，能根据不同的设计要求进行楼梯与栏板的材料的使用与装饰。掌握线条在不同风格材料的运用。

学习重点：1. 门窗材料的选择及门窗洞装饰构造做法；2. 各种不同材料楼梯的细部构造与做法；3. 不同风格中不同材料线条的收边运用。

学习难点：各种不同材料的线角的细部节点构造与做法。

第一节 门的装饰装修

门窗是建筑物中特殊的室内外分隔构件，在建筑的立面设计中有重要作用。其主要功能是交通、通风和采光。根据不同建筑的性质要求，门窗还具有防火、保温、隔热、隔声、防辐射等性能。作为建筑构件的门窗，其造型、色彩和材质质感对建筑本身的装饰效果影响很大。

一、门的分类及开启方式

门的分类方法很多，按门的风格可分为中国传统式门、欧式门、现代工艺门。按所在的位置分为大门和房门等；按使用性质可分为隔声门、防火门、防辐射门、防盗门等；根据所用材料可分为木门、钢门、铝合金门、塑钢门、无框全玻璃门等。

按开启方式分类一般有平开门、弹簧平开门、推拉门、折叠门、升降门、卷帘门、转门等。不同开启方式的门都有其特点和一定的适用范围，选择时应综合考虑使用要求、洞口尺寸、技术经济、材料供应及加工制作条件等因素。（图6-1、图6-2）

a. 中国传统式门

b. 欧式门　　　　　　　　c. 现代工艺门

图 6-1 各种风格的门

二、包门套装修构造

普通门的洞口宽度一般为 900 ~ 1000mm，厨房、厕所等辅助房间门洞的宽度最小为 700mm。门洞口高度除卫生间、厕所可为 1800mm 以外，均应大于 2000mm。门洞口高度大于 2400mm 时，应设上亮窗。门洞较窄时可开一扇，1200 ~ 1800mm 的门洞，应开双扇。大于 2000mm 时，则应开三扇或多扇。

包门套是将门洞周边用各种材料镶嵌起来的做法，它既能避免门边墙体被碰撞损坏，又可起到装饰及保洁的作用。包门套的材料一般与门扇所用材料相同，也可以采用石材或金属制品制作。门套通常由筒子板、贴脸板和装饰线条组成。

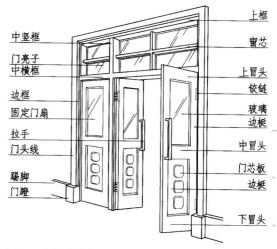

图 6-2　门构成示意

三、门的基本构造

1. 实木门

木材有天然纹理，使人感到亲切、自然。实木门一般分为实木拼板门，实木镶板门、实木框架玻璃门和实木雕刻等。实木拼板门是用较厚的条形木板拼成门扇，边梃与冒头截面尺寸较大；这种门结实厚重，木材使用量大，是中国传统的木门结构形式，现较少采用。实木镶板门，实木框玻璃门与雕刻门的共同之处是门扇是由边梃、冒头及门芯板组成。若门芯镶入木板即为实木镶板门，若门芯镶入玻璃即成实木框架玻璃门，若在门芯镶入的木板上雕刻图案造型，或者通过专用机械将锯末、刨花等用胶合压制成图案造型，即为实木雕刻门。（图 6-3、图 6-4）

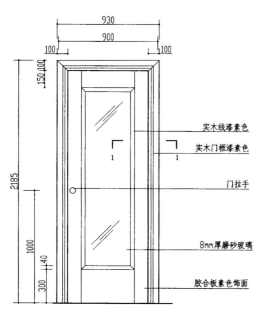

图 6-3 实木镶板门构造

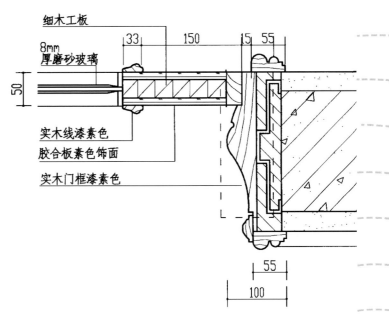

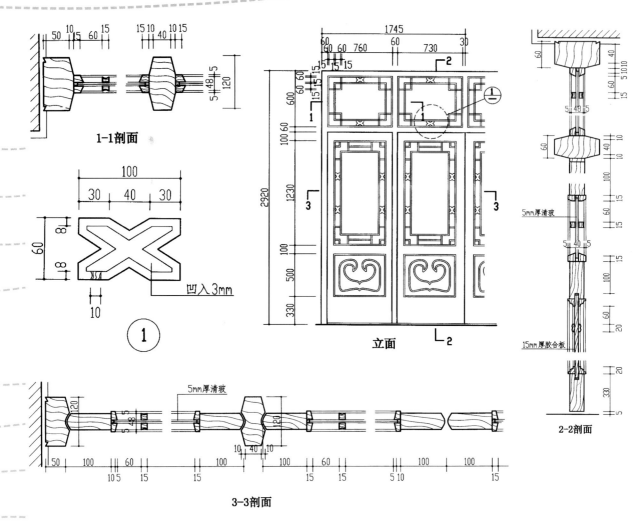

图 6-4 中式门构造

2. 夹板门

夹板门的门扇中间为轻型骨架双面粘贴薄板，骨架一般是由（32 ~ 35mm）×（34 ~ 60mm）方木构成纵横肋条，肋距为 20 ~ 400mm，也可用蜂巢状材即浸渍合成树脂的牛皮纸，玻璃布或铝片经加工黏合而成骨架，两面粘贴面板和饰面层后，四周钉压边木条固定。如果对面层进行装饰（如粘贴装饰造型线条，微薄木拼花拼色等）可丰富立面效果。在门扇上加设小玻璃窗或百叶窗，应在木架中预留孔洞。在锁具处应另加木块。夹板门自重轻，表面平整光滑、造价低，多用于卧室、办公室等处的内门。其构造如图 6-5 所示。

3. 推拉门

推拉门是指门扇用左右推拉的方式启闭，分暗装式和明装式。推拉门必须设置吊轨和地轨。暗装式是将轨道隐藏于墙体夹层内；明装式是将轨道安装在墙面上用装饰板遮挡。推拉门的门扇可以作成镶板门、镶玻璃门、夹板门、花格门等。推拉花格门既能分割空间，又在视线上有一定的通透性，花格的造型还有独特的装饰效果。推拉门的构造如图 6-6 所示。

4. 无框玻璃门

无框玻璃门设计，往往与幕墙融为一体。它是用厚玻璃板做门扇，设置上下冒头及连接门轴，没有边框。玻璃一般为 12mm 的厚平板白玻璃、压花玻璃及雕花玻璃等，具体厚度视门扇的尺寸而定。上下冒头均采用不锈钢或钛合金板罩面，拉手也用不锈钢或钛合金成品件，用地弹簧作为固定连接与开启门扇的装置。而转门的形式则要繁杂许多。无框玻璃门构造如图6-7所示。

5. 自动推拉门

自动推拉门可以避免人工开启之烦，为空间的保温、隔热起到重要作用，具有较好的装饰效果。宜用于人流量较少的宾馆、银行、办公楼主入口等处。自动推拉门的门扇一般采用的是无框的全玻璃门。其开启控制有超声波控制、电磁场控制、光电控制等。比较流行的是微波自动推拉门，即用微波感应自动传感器进行开启控制。若人或其他移动物体进入传感器感知范围内时，门自动开启；离开传感器感知范围时，门自动关闭。（图6-8）

微波感应自动推拉门是由机箱（包括电动机，减速器、滑轮组、微波处理器等）、门扇、地轨三部分组成的。微波感应自动门地面上装有导向性下轨道，起长度为开启门宽的2倍。自动门上部机箱部分可用18号槽钢做支撑横梁，横梁两端与墙体内的预埋钢板焊接牢固，以确保稳定。

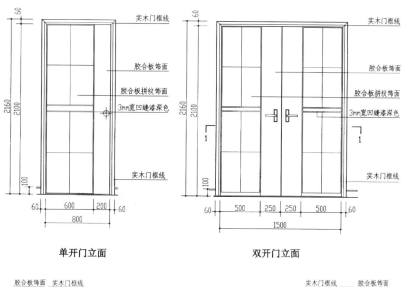

单开门立面　　　　双开门立面

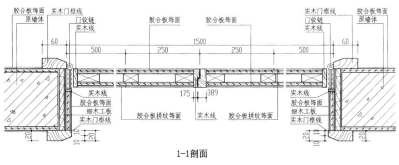

1-1剖面

a. 夹板门构造示意

b. 夹板拼花木门效果

图 6-5 夹板门构造

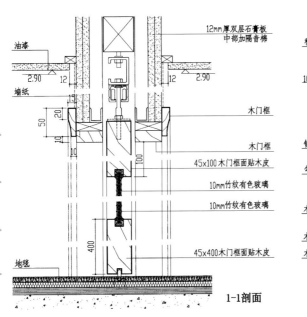

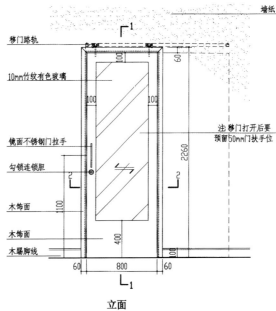

1-1剖面

立面

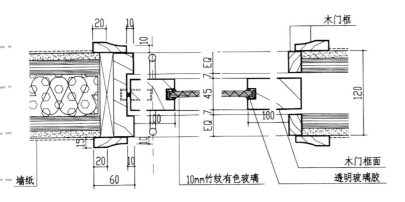

2-2剖面

图 6-6 推拉门构造

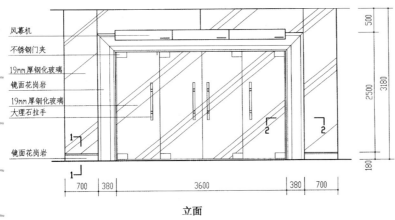

立面

图 6-7 无框全玻璃门

图 6-8 自动感应转门

第二节　窗的装饰装修

窗是室内天然采光的主要方式，窗的面积和布置方式直接影响采光效果。在设计中应选择合理的窗户面积和形式。通风换气主要靠外窗，在设计中应尽量使外窗的位置处于空气对流相对有利的位置。

一、窗的分类及开启方式

窗按材料可分为木窗、钢窗、铝合金窗、不锈钢窗、塑料窗等；按照设计风格可分为欧式、中国传统式和现代式几类。

窗按功能性也可分为密闭窗、隔声窗、防盗窗、避光窗、橱窗、售货窗等；根据窗的开启方式，窗分为平开窗、固定窗、转窗、推拉窗、折叠窗、百叶窗等。

二、窗的基本装饰构造

欧式窗多用于建筑外墙与立面相统一的欧式风格中。可采用石材装饰或者使用增强水泥构件。木质窗由于本身不耐候，经不住风雨侵害，一般不作为外窗使用。室内木质窗使用时也往往和其他家具装修配合使用。如什锦窗、推拉窗及花罩等，可以形成内外通透的空间环境。（图6-9）

1. 塑钢窗

塑钢窗目前是在建筑中使用较多的一种外窗。它是继木窗、钢窗、铝合金窗之后而崛起的第四代新型窗。它采用聚氯乙烯（PVC）树脂、改性聚氯乙烯为主要原料，添加适当填料、助剂等加工而成的各种截面的空腹型材，内衬型钢或铝合金增强材料组合而成。塑钢窗具有良好的装饰性，是目前世界上已知最佳的耐腐蚀、密封性好、保温、隔热、隔音、不变形、和耐久性好的门窗，广泛适用于住宅、学校、医院、办公大楼等民用和工业用建筑。塑钢型材是一种多腔结构材料，隔热性能超群。热导率仅为钢材的1/4.5，铝合金的1/8。所有缝隙均装有毛条和橡塑密封条，其气密性也远高于铝合金。塑钢型材本身就具有隔声效果，如采用中空玻璃等材料，隔声效果将更加理想。塑钢窗耐候性好，热膨胀系数低，不变形，耐腐蚀性强，易于保养，使用寿命长。塑钢门窗一般是在工厂用塑钢门窗专用的切割、焊接设备制造的，是半自动化、自动化生产，质量可以得到保证。塑钢窗基本构造如图所示。（图6-10）

a. 传统中式窗

图 6-9 不同风格的窗子

b. 传统欧式窗

c. 内外通透的又有借景作用富有传统神韵的现代式窗

d. 木花窗平易近人

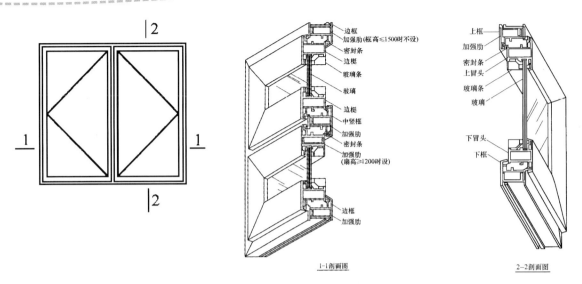

图 6-10 平拉式塑钢窗构造

2. 铝合金窗

铝合金窗属于第三代技术产品，在塑钢窗出现以前使用相当普遍，缺点是保温性能较差。但随着材料的发展和制造工艺的改进，铝合金窗的保温隔热性能有了大的提升。特别是近年来新型铝合金隔热断桥技术的出现，使铝合金窗又重新回到人们的视线。新型隔热断桥铝合金窗不同于传统意义的铝合金窗，它是目前国家提倡的新型节能环保型材料，值得推广。

断桥节能型铝合金窗采用双穿条式工艺，用增强尼龙将铝窗框的内外隔离以断绝内外能量的交流。其中铝合金的壁厚非常关键，一般窗户至少在 1.2mm 以上，高档节能铝合金窗的壁厚可达到 1.8～2.0 mm，使冬季更加保暖。

门窗的施工方式是塞口安装方式。通过特制的钢质锚固件将门窗框与墙、柱、梁等结构构件连接。具体连接为采用自攻螺钉或拉锚钉将框与钢锚件连接，安装时将锚件与墙内或钢筋混凝土内预埋的铁件焊接，施工简单方便。（图 6-11、图 6-12）

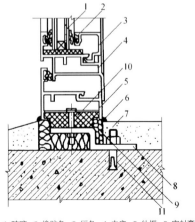

1.玻璃 2.橡胶条 3.压条 4.内扇 5.外框 6.密封膏
7.砂浆 8.地脚 9.软填料 10.塑料垫 11.膨胀螺栓

a. 铝合金窗安装节点和缝隙处理

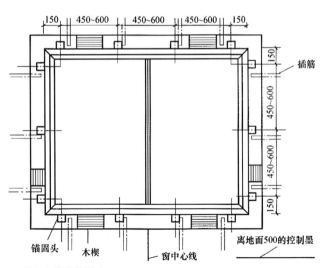

b. 铝合金窗安装固定

图 6-11 铝合金窗的构造

图 6-12 采用双层中空玻璃保温隔音效果更佳

图 6-13 木镶板包窗

图 6-15 窗帘的吊挂

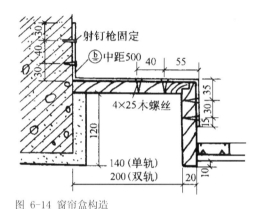

图 6-14 窗帘盒构造

三、窗的装饰与装修

室内装修标准较高时，往往在窗洞口的上面和两侧墙面均用木板镶嵌，与窗台板结合使用。在窗的下框内侧设窗台板，木板的两端挑出墙面 30 ~ 40mm，板厚 30mm。窗台板也可以用大理石板。（图 6-13）

窗帘盒的长度一般为洞口宽度加 400mm 左右（洞口两侧各 200mm 左右），深度（即出挑尺寸）与所选用的窗帘厚薄和窗帘的层数有关，一般为 120 ~ 200mm。

窗帘盒多采用 20mm 厚的木板制作，固定在过梁或其他结构构件上。窗帘盒最好的构造做法是和顶棚做整体设计。窗帘盒可以隐蔽在顶棚上，并在顶棚龙骨上固定。窗帘盒还可以与照明灯具、灯槽等结合布置。窗帘盒构造如图 6-14 所示。

吊挂窗帘的方式有两种，一种是棍式，采用铜棍或铝合金棍等吊挂窗帘布。这种方式具有很好的刚性，适用于 1.5 ~ 1.8m 宽的窗口。另一种是轨道式，铝合金制成的窗帘轨道，轨道上安装小轮来吊挂和移动窗帘。这钟方式具有较好的刚性，可用于大跨度的窗子和重型窗帘布。（图 6-15）

四、门窗五金件

门窗五金件主要有各种材料的拉手、锁具、滑轮、滑轨、合页、自动闭门器、门挡、门窗定位器、插销等。如图 6-16 所示。

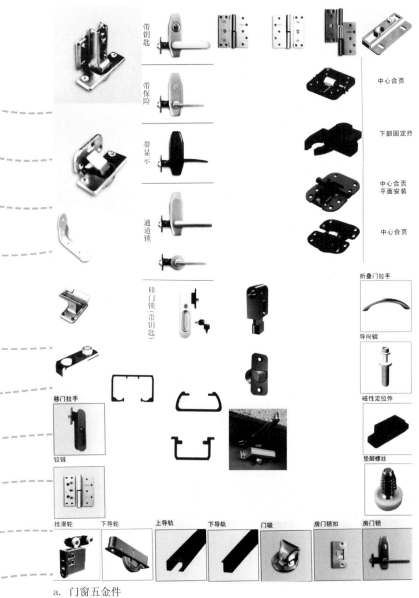

a. 门窗五金件

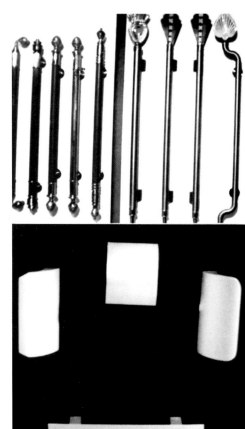

b. 各种拉手

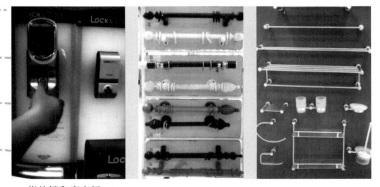

c. 指纹锁和窗帘杆

d. 液压式的自动闭门器

图 6-16 部分门窗五金件

1. 拉手和门锁

拉手是安装在门窗上，便于开启操作。拉手有时和门锁组合使用。拉手有各种材料制成，可制作拉手的材料有铁、铜、铝、钢板等金属和铝合金、锌合金等合金，表面可采用抛光、镀烙或喷漆处理，也可以用有机玻璃或其他材料贴面。一般有普通拉手、压板拉手、管型拉手、铜管拉手、不锈钢双管拉手、铝合金推板拉手等，可根据造型需要选用。

常见拉手根据其形状可大致分为长形拉手、环形拉手、球形拉手以及与锁结合在一起的把手拉手。

2. 自动闭门器

自动闭门器能够自动关闭开着的门，一般用于人流量较多的地方。有液压式的自动闭门器和弹簧式自动闭门器两种。自动闭门器安装在门扇上部靠近合页一边，使门在不同角度以不同速度自动关闭。弹簧式自动闭门可分为地弹簧（又称落地式闭门器）、门顶弹簧、门底弹簧和弹簧门弓。地弹簧主要结构埋于地下，性能好，坚固耐用，可保持门的美观，使用较普遍。

3. 门挡

当门打开时门挡能使门扇和墙壁保持一定的距离，以阻止门扇、拉手碰撞墙壁而产生的损伤。门挡安装于门扇的中部或下部。

4. 合页

合页又称铰链，是门扇和门框的连接五金件，门扇围绕合页轴转动。合页按规格、厚度和承载力的不同分为普通合页、插芯合页、管式弹簧合页、H形合页、轴承合页、尼龙垫圈无声合页、钢门窗合页等，应按门扇大小选用。合页可由普通钢、不锈钢和铜材制作，普通钢合页易生锈，现已很少使用。

5. 门窗定位器

门窗定位器一般装于门窗扇的中部或下部，作为门窗扇位置的定位，防止因风力作用造成的损坏。门窗定位器有风钩、不锈钢滑撑、磁力定门器、门轧等。

第三节　楼梯与栏杆装饰装修

一、楼梯构造

楼梯是建筑中上下通行疏散的主要交通设施，也是室内重点的装修部位，为室内的视觉中心。比较常见的楼梯形式有单跑楼梯、双跑楼梯、多跑楼梯、螺旋楼梯及弧线形楼梯等。其中双跑楼梯是建筑的常用的楼梯通行方式。楼梯通常设置在建筑物的交通枢纽和人流密集地点，如大厅、走廊端部及交叉口，有利于人员的快速疏散和上下通行。其主楼梯要求直达通畅、明确醒目，辅助楼梯在次要位置作辅助疏散通行使用。

楼梯的级数一般不大于18级，也不能少于3级。楼梯的步距要根据建筑的使用性质及需要来进行设计，考虑人的行走的舒适度，在有条件的情况下尽量设计成角度平缓一些。特别是商业性等人流量较大的建筑，不仅坡度设计要平缓，宽度还要求能容纳三股以上的人流。根据住宅规范的规定，套内楼梯的净宽在一边临空时不应小于750mm；当两侧有墙时，不应小于900mm。这一规定就是搬运家具和日常物品上下楼梯的合理宽度。此外，套内楼梯的踏步宽度不应小于220mm，高度不应大于200mm，扇形踏步转角距扶手边250mm处，宽度不应小于220mm。（图6-17）

楼梯将层与层之间紧密地联系在一起，除了满足实用功能之外，还应该把它作为一件艺术品来设计。

在复式和跃层住宅的起居室里,最为引人注目的往往是楼梯。因为楼梯具有一定的坡度,有坡度就具备了动势。楼梯是室内为数不多的视觉中心之一。(图6-18)

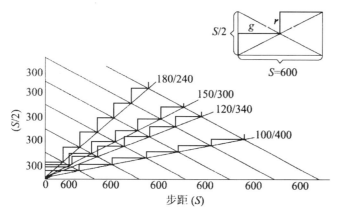
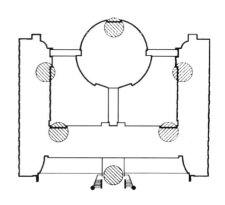

图 6-17 楼梯的设置与步距

a. 商场里面的电梯

b. 金茂大厦内部不锈钢旋转楼梯

c. 宾馆大理石楼梯

d. 金陵图书馆的钢质楼梯

图 6-18 各种风格材料的楼梯样式

二、楼梯踏步面层装饰

楼梯踏步的表面要求能耐磨、防滑、便于清洁和具有良好的装饰效果。它的饰面层做法与楼地面基本相同，有抹灰饰面、铺钉类饰面、板材类饰面（如陶瓷面砖、缸砖、石材）等，标准较高的建筑可以用地毯等材料作为踏步面层。有特殊要求的地面，也可以铺设地毯或防滑贴面作为防滑措施。

1. 抹灰类饰面

抹灰类饰面多用于钢筋混凝土楼梯，具体做法为：踏步的踏面和踢面都做20～30mm厚的水泥砂浆。踏口处做防滑条或防滑凹槽。

图 6-19 石材饰面效果

2. 板材类饰面

（1）各种石材饰面。 作为踏步板材常用材料的有花岗岩、水磨石、人造石材等。板材厚度一般为20mm，以一踏面或踢面为一整块。用水泥砂浆直接粘贴在踏面或踢面上，踏口做防滑。（图6-19）

（2）面砖饰面。专为楼梯饰面制作的饰面砖。常用有釉面砖、缸砖、通体砖等。踏口处有防滑条，其尺寸符合踏步标准。

3. 铺钉类饰面

铺钉类踏步饰面主要有硬木地板、复合地板、塑料地板等，踏口有时用铜或铝合金包角。（图6-20）

4. 地毯饰面

楼梯地毯铺设常用在标准较高的建筑中，地毯可在平层上直接铺设也可在装修后的楼梯上铺设。常用于楼梯上的地毯有纯毛地毯、化纤地毯等。地毯铺设形式有棍卡式固定、粘贴固定、卡条固定。

（1）棍卡式固定

在楼梯上安装好压杆紧固件，由上至下逐级铺设地毯，顶级地毯端部用压条钉于平台上，在每级踏步紧固件位置的地毯上切开小口，让压杆紧固件能从中伸出，然后将金属压毡杆穿入紧固件圆孔，拧紧调节螺钉。地毯固定好后在踏步的阳角边缘固定金属防滑条。（图6-21）

（2）粘贴固定

如使用胶背地毯（自带海绵衬底）可将胶黏剂抹在踢板和踏板上，适当凉置后将地毯粘贴，并用扁铲撑平压实。

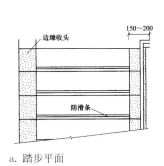
a. 踏步平面

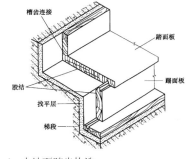
b. 木地面踏步构造

图 6-20 铺钉类踏步饰面构造

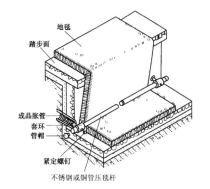
图 6-21 棍卡式踏步饰面构造

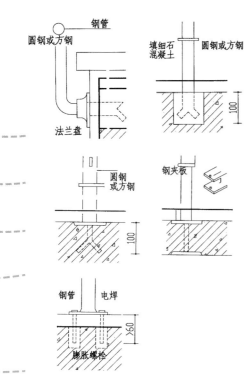

图 6-22 栏杆与踏步平台的连接构造

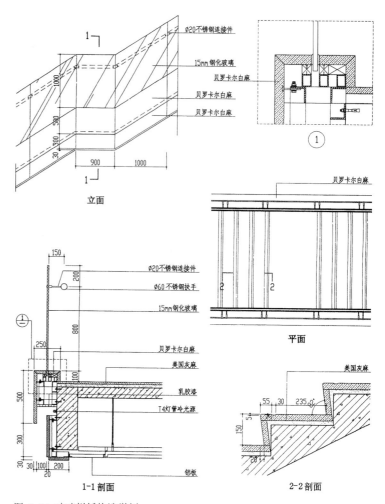

图 6-24 玻璃栏板构造举例

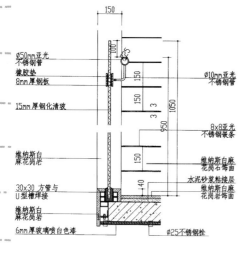

b. 全玻璃栏板构造

图 6-23 玻璃栏板构造

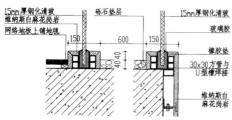

a. 半玻璃栏板构造

（3）卡条固定

卡条固定是将倒刺板条钉在楼梯踏面和踢面之间的阴角的两边。倒刺板距阴角之间留15mm的缝隙，倒刺板的抓钉倾向阴角。铺贴地毯胶垫时，要能覆盖踏面裹住阳角，胶垫的宽度应大于50mm，并用专用黏结剂粘牢。地毯从最高一阶，将多余的地毯向内褶转，钉在底阶的踢板上。

三、楼梯栏杆、栏板和扶手构造

楼梯栏杆、栏板和扶手是楼梯段与平台边所设的安全设施，装饰性较强，要求安全可靠、造型美观。栏杆和栏板应具有一定的高度、强度和抗侧推力，玻璃栏板应采取安全玻璃制作。

1. 栏杆和栏板

栏杆按材料可分为木栏杆、钢质栏杆、铁艺栏杆等多种形式。栏杆与踏步平台的连接，采用在踏步平台上预埋钢板焊接或预留孔插接。栏板有玻璃栏板、不锈钢栏板等。现在玻璃栏板因其具有美观、通透又安全的特点被广泛采用。它有全玻璃式和半玻璃式两种。（图6-22、图6-23、图6-24）

2. 扶手

（1）扶手的材料

室内楼梯多采用硬木、不锈钢、铝合金、塑料扶手；室外楼梯扶手常用金属、塑料、石材及混凝土预制扶手。金属管材可弯性能良好，可用于螺旋楼梯、弧形楼梯的扶手。

（2）扶手的形式及连接构造

楼梯扶手包括栏杆扶手和靠墙扶手。栏杆扶手安装在栏杆和栏板之上。金属扶手可以直接焊接在金属栏杆顶部；硬木扶手一般通过木螺钉固定在金属栏杆上部的通长扁铁上。靠墙扶手是在楼梯段较宽的情况下加设的，也可以和墙面结合起来做。扶手的设计需要有足够的强度，还应注意连贯性，并应伸出起始及终止踏步不少于150mm。为了人能握紧扶手，扶手的断面直径一般为40～80mm。各种材料扶手断面形式及与栏杆、栏板连接构造如图6-25、图6-26所示。

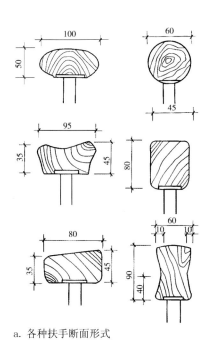

a. 各种扶手断面形式

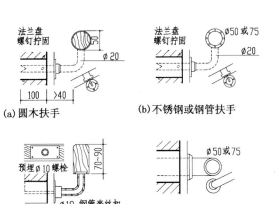

b. 靠墙扶手的构造

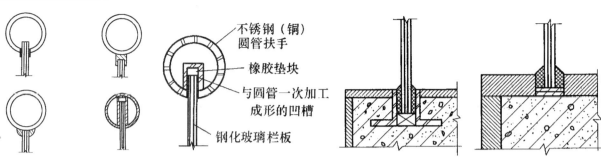

c. 不锈钢扶手的构造　　　d. 全玻璃安装构造

图 6-25 楼梯扶手的构造

b. 铝合金、铜合金线条

a. 不锈钢线条

c. 石材、石膏线条

d. 木线条

图 6-27 各种材料线条的收口

图 6-26 钢制玻璃踏步旋梯

第四节　线材类装饰构造

　　线材是装饰工程中装修层次之间面的点缀材料，又是面与面之间的收口材料，不同风格的空间线条使用大有区别。线材对装饰风格和装饰效果起着画龙点睛的作用，基本上能反映出工程的质量的优劣。装饰线条主要有木线条、石膏线条、金属线条、复合材料线条等。（图6-27）

一、木线条

　　选用上等的硬质木，木质细腻、耐腐蚀、上光效果好、作钉力强的木材，经过干燥处理后可做成各式木线条。木线条的品种较多，从材料上可分为榉木线、水曲柳木线、柚木线、核桃木线、硬杂木线、白木线等。从它的功能上分有收口（封边线）、压角线、顶角线、挂镜线、踢脚线、盖缝线、腰线等。从外形来看有半圆形、直角形、斜角形、指甲线等。

木线条可油漆成各种色彩和木本色，可以进行拼接、对接，也可弯曲成弧线形，能增强木装饰表面的效果，使之更有层次感和立体感。

二、石材、石膏线条

石膏线条是以天然二水石膏为胶凝材料，玻璃纤维为骨料制成的。它是欧式装修风格中惯用的一种装饰手法，多用于顶角线和局部装饰造型。石膏线条防火、不易变形，可钉、锯、粘等，使用方便。石材线条由各种石材经切割加工而成的。

三、塑料装饰线条

塑料装饰线条采用硬质聚氯乙烯加工而成，其绝缘、耐磨、耐腐蚀，能一次成型。装饰质感稍逊一筹，属于中低档材料。固定方法常采用螺钉或黏合剂黏合。

四、铝合金线条

铝合金线条多用于饰面的收口和压边，也用于做广告牌、显示屏的边框等，如家具的收边线，地毯的收口线和玻璃门的推拉门槽等。铝合金线条质轻、耐腐蚀、刚度大，其表面可进行阳极氧化着色处理，金属质感强，美观实用。

五、不锈钢线条

不锈钢线条装饰性好，属高档线材。它强度高、耐腐蚀，光洁度高，耐气候变化。用于各种装修的压边线、柱角压线、收口线，墙面装饰线等，主要有角线、槽线两类。

六、铜线条

铜线条是黄铜（合金铜）制成的，主要用于大理石、花岗石、水磨石的间隔线和楼梯踏板的防滑条、地毯的压角线、墙面装饰线等。铜线条强度高、耐磨、不锈蚀，表面有金色光泽，显得富丽堂皇。它和材料的配合程度较高，和易性强。

作业与要求：

一、简答题

1. 门窗的作用有哪些？

2. 全玻璃门的拉手及合页怎样和全玻璃门扇相连接？

3. 塑钢门窗的安装构造有哪些特点。

4. 新型的断桥节能型铝合金窗的特点有哪些？

5. 楼梯踏步的面层材料有哪些，举例子说明。

6. 栏杆、栏板和扶手采取什么措施进行固定。

二、门窗装饰构造设计与表达实训

1. 实训目的

掌握门的装饰构造设计及表达方法。能根据空间的特点及功能要求，综合分析装饰构造类型，能够正确表达门装饰构造的施工图。

2. 实训条件与设备

教师提供某一星级酒店豪华套间的平面图（中式或西式），试根据环境的要求，分别设计入口门和卫生间门的造型，并进行剖面及细部的构造设计。门洞口的尺寸分别为：入口门洞尺寸为 1000mm×2100mm；卫生间门洞尺寸为 800mm×2000mm。

自备相关绘图工具（绘图板、丁字尺、三角尺、比例尺、擦线板、绘图笔、A3图纸等）。

3. 实训内容及步骤

内容：

（1）木装饰门的立面方案图。

（2）木装饰门的剖面图。

（3）门套和门板各部位细部构造详图

（4）表达内容符合要求，符合国家制图标准。

步骤：

（1）收集相关资料，分析同类装饰工艺的构造。

（2）根据所给条件和要求，有针对性的提出问题、分析问题，并找出解决问题的方法。

4. 实训课时安排（3学时＋课外0.5周）

课时安排由三部分组成：

（1）前期：统一分析讨论问题，提出方案，完善方案。

（2）中期：继续完善方案，并根据方案绘制装饰构造施工图。

（3）分析、讲评、总结。

5. 预习要求

（1）实训室观摩了解门装饰的各种构造方法。

（2）实训室观摩了解门装饰的各种装饰工艺与构造。

三、查阅楼梯设计资料写读书报告

1. 查阅常用楼梯的形式、各部位尺寸要求及其装饰构造。

2. 查阅楼梯的踏面所用装饰材料，踏面的防滑处理。

3. 查阅楼梯栏杆、栏板的固定方法。

4. 查阅楼梯扶手的横断面的形式，材料和规格。

以上任选两个以上的题目写实习报告，可发表自己的看法，字数在1200字左右。

第七章　建筑装饰设计的风格与流派

学习目标：要求了解中国传统的建筑装饰设计思想和文化。熟悉西方及世界各地区的有关建筑设计思潮，各种建筑装饰设计的风格和流派，努力向近现代的建筑大师们学习。

学习重点：1. 中国传统的建筑装饰设计思想；2. 世界各地区的建筑装饰设计的风格与流派。

学习难点：建筑装饰设计的风格与流派。

第一节　中国传统建筑与装饰设计

中国传统的建筑与装饰设计，为我们学习构造设计提供了取之不尽、用之不竭的宝贵的思想和文化源泉。我们要善于学习，学习传统的建筑与装饰的设计理念，做到古为今用，洋为中用，在此基础上再进行发展和创新。

我们通过前面章节的学习，掌握了基本的装饰构造设计，并不等于就是一个合格设计师了，接下来的路还很长，有可能是伴随我们一生的艰难的求索之路。我们的设计还只停留在表面化、程式化上，缺乏内容深度，更重要的我们还没有经验，最关键的是我们的设计还缺少一样本质的东西，那就是设计之魂——设计的风格化。设计要风格化，特别是建筑与装饰设计更要有鲜明的特色与风格。作品拼拼凑凑没有思想、没有深度，就难以登入大雅之堂。要解决这个问题，就要静下心来学习，一是向实践学习，在实践中进行磨炼，二是向传统学习，通过实践可以使我们的设计越来越专业化，而学习传统的设计思想才有可能让我们明了建筑设计的真谛，才能把握好"设计之灵魂"，成为一名合格的设计师。

世界著名建筑设计大师贝聿铭先生说到道："每一个建筑都得个别设计，不仅和气候、地点有关，而且同时当地的历史、人民及文化背景也都需要考虑。这也是为什么世界各地建筑仍各有独特风格的原因。"

建筑与室内装饰设计风格的形式，是不同时代社会思潮和地区特点，通过创作构思和表现，逐渐发展成为具有代表性的室内设计形式。一种典型风格的形式，通常是和当地的人文因素和自然条件密切相关。装饰设计的风格往往是和建筑以至家具的风格流派的紧密结合，有时也以相应时期的绘画、造型艺术、甚至文学、音乐等的风格流派互为其渊源和相互影响。

设计师的设计必须带有一定的风格倾向性，要表达一定的设计理念，也要考虑到地域、人文、自然条件等各方面因素。

一、中国传统建筑装饰设计风格

中国的传统建筑与欧洲建筑、伊斯兰建筑并称世界三大建筑。中国传统建筑装饰设计不但造型丰富、外观美丽，而且还富有中国传统文化精神、社会伦理、民风民俗等内涵，是我们取之不尽用之不竭的文化艺术宝库。我国各类民居，如北京的四合院、四川的山地住宅、云南的"一颗印"、傣族的干阑式住宅以及上海的里弄建筑等，在体现地域文化特色的建筑形体和空间组织，在建筑装饰的设计与制作等许多方面，都有极为宝贵的可供我们借鉴的经验与成果。

中国的传统建筑风格体现了庄重对称的特征，其依据就是极具中国文化特征的"周礼"。中国的传统建筑形制，反映了中国传统文化思想、社会伦理与民俗特征。单就住宅而言，在房屋的正中间是客厅，两侧有书房和卧室（厢房），客厅前一般是院子（天井）迎门处设有影壁。二门的垂花门通常装饰最为华丽，是住宅最具美感的地方。再看室内布置，正北的墙面挂有大幅中堂画，两边配置对联，内容体现了中国传

图 7-1 中国传统建筑的斗拱结构形式

统儒家文化思想。正中布置有八仙桌或条案，两边配有高靠背椅。在大厅的两旁分别布置靠背椅与茶几，八张椅子就叫正厅，四张只能叫半厅。书房中有书柜和博古架，用于摆放古玩、瓷器等。书案上配置文房四宝。

中国的传统建筑风格多以明清建筑样式为代表。大型的建筑，室内有木柱，空间分隔以槅扇、屏风、落地罩等实施，花式较多，一般随主人的身份地位及富裕程度而定。地面多以方砖、木板、青石铺就；上部梁枋用彩画或木雕装饰。陈设用品有字画、精美手工制品、瓷器等。明代家具以简洁素雅著称，细节的雕刻处理主要集中在辅件上，雕刻图案题材广泛，反映了民间、民俗的喜好。清代家具在继承明代的基础上，又吸收了工艺美术的成果。家具的雕刻更为精美，还出现了雕漆、描金的家具品种，并用玉石、珐琅釉瓷片、贝壳进行镶嵌装饰。色彩上北方偏暖，而南方较为素雅。（图 7-1、图 7-2、图 7-3）

图 7-2 客厅摆设体现了传统的儒家文化思想

图 7-3 故宫博物院中轴线对称式建筑布局

二、从材料与构造角度看中国古代建筑的特点

1. 木材使用。木材作为主要建筑材料，创造出独特的木结构形式，以此为骨架，既达到实际功能要求，又创造出优美的建筑形体以及相应的建筑风格。

2. 构架制。以立柱和纵横梁枋组合成各种形式的梁架，使建筑物上部荷载经由梁架、立柱传递至基础。墙壁只起围护、分隔的作用、不承受荷载。

3. 创造性的斗栱结构的形式。用纵横相叠的短木和斗形方木相叠而成的向外悬挑的斗栱，本是立柱和横梁间的过渡构件，还逐渐发展成为上下层柱网之间或柱网与屋顶梁架之间的整体构造层，这是中国古代木结构构造的巧妙形式。

4. 单体建筑标准化。中国古代的宫殿、寺庙、住宅等，往往是由若干单体建筑结合配置成组群。无论单体建筑规模大小，其外观轮廓均由阶基、屋身、屋顶三部分组成：下面是由砖石砌筑的阶基，承托着整座房屋；立在阶基上的是屋身，由木制柱额做骨架，其间安装门窗槅扇；上面是用木结构屋架造成的屋顶，屋面做成柔和雅致的曲线，四周均伸展出屋身以外，上面覆盖着青灰瓦或琉璃瓦。屋顶有庑殿顶、歇山顶、卷棚顶、悬山顶、硬山顶、攒尖顶等形式，每种形式又有单檐、重檐之分，进而又可组合成更多的形式。

5. 建筑组群的平面布局。其原则是内向含蓄，多层次，力求均衡对称。除特定的建筑物如城楼、钟鼓楼等外，单体建筑很少露出全部轮廓。每一个建筑组群少则有一个庭院，多则有几个或几十个庭院，组合多样，层次丰富，弥补了单体建筑定型化的不足。平面布局取左右对称的原则，房屋在四周，中心为庭院。组合形式均根据中轴线发展。唯有园林的平面布局，采用自由变化的原则。

6. 灵活的空间布局。室内间隔采用槅扇、门、罩、屏等，便于安装、拆卸的活动构筑物，能任意划分，随时改变。庭院是与室内空间相互为用的统一体，又为建筑创造小自然环境准备条件，可栽培树木花卉，可叠山辟池，可搭凉棚花架，有的还建有走廊，作为室内和室外空间过渡，以增添生活情趣。

7. 色彩装饰手段运用。木结构建筑的梁柱框架，需要在木材表面施加油漆等防腐措施，由此发展成中国特有的建筑油饰、彩画。常用青、绿、朱等矿物颜料绘成色彩绚丽的图案，增加建筑物的美感。以木材构成的装修构件，加上着色的浮雕装饰的平面贴花和用木条拼镶成各种菱花格子，是实用兼装饰的杰作。北魏以后出现的五彩缤纷的琉璃屋顶、牌坊、照壁等，使中国传统建筑灿烂多彩、金碧辉煌。

第二节　欧洲及世界其他地区装饰设计风格

在漫长的历史长河中，我们祖先给我们留下了无数珍贵的文化遗产，无论在古代还是在现代，无论是东方还是西方，都产生过许多璀璨纷呈的艺术流派和设计风格，至今还对我们的生活产生着巨大的影响。在今天的各种建筑与装饰设计风格中，这种多元文化的特征表露无遗。

一、古埃及风格

古埃及装饰风格简约、雄浑，以石材为主，柱式是其风格之标志，柱头如绽开的纸草花，柱身挺拔巍峨，中间有线式凹槽、象形文字、浮雕等，下面有柱础盘，古老而凝重。光滑的花岗岩是铺地惯用的材料，毛糙的花岗岩小块多用于主题背景墙上，又称文化墙。（图7-4）

图 7-4 古埃及风格

二、古希腊风格

古希腊的神庙建筑体现了希腊古典风格的单纯、典雅、和谐风貌。多立克、爱奥尼克、科林斯是希腊风格的典型柱式，也是西方古典建筑室内装饰设计特色的基本组成部分。多立克柱式粗犷、刚劲，基座有三层石阶，柱身由一段段石鼓构成，呈底宽上窄渐收式，柱头由方块和圆盘构成，无饰纹。爱奥尼克柱式整体造型风格坚挺娟秀，比多立克多一个柱础，纵向有凹槽24条，各凹槽的交接棱角上设计一部分圆面，最具特征的是它的柱头，左右各有一对华丽、精巧、柔美的卷涡式装饰。科林斯柱式用毛茛叶作装饰，形似盛满花草的花篮式柱头，规范而细腻，充满生气，其柱高、柱径比例、凹槽都同于爱奥尼克柱式。古希腊风格的三种柱式常用于客厅的隔断装饰。

图 7-5 古罗马风格

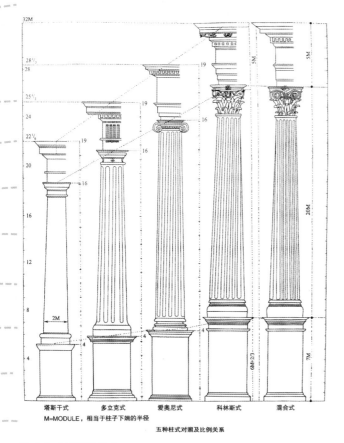

图 7-6 古罗马五柱式

三、古罗马风格

古罗马建筑艺术成就很高，大型建筑物的风格雄浑凝重，构图和谐统一，形式多样。罗马人开拓了新的建筑艺术领域，丰富了建筑艺术手法。券柱式造型是古罗马人的创造，两柱之间是一个券洞，形成一种券与柱大胆结合极富兴味的装饰性柱式，成为西方室内装饰最鲜明的特征。广为流行和实用的有罗马多立克式，罗马塔斯干式，罗马爱奥尼克式，罗马科林斯式及其发展创造的罗马混合柱式。在装饰和陈设上也很丰富。罗马式家具除了模仿建筑的拱券，最突出的是旋木技术的运用，简朴平实，而且家具特点在于整体构造的表现而很少刻意的装饰。皇室家具多为木雕。（图 7-5、图 7-6）

四、哥特式风格

哥特式风格是对罗马风格的继承。直升的线形，体量急速升腾的动势，奇突的空间推移是其基本风格。券柱式造型由罗马式拱券变成向上的尖券形式。哥特教堂外部向上动势很强。轻灵的垂直线条统治着全身。扶壁、墙垣和塔都是越往上分化越细，越多装饰，越玲珑。而且顶上都有锋利的、直刺苍穹的小尖顶。整个教堂充满了向上的冲劲，"他渴望接近上帝居住的地方，那里是达到天堂最近的距离"。

哥特式家具受教堂的影响很深，造型细高，强调垂直线对称，还模仿建筑的样式，如尖顶、尖拱、细柱，结构为框架式，往往在框中镶嵌各种花纹浅雕或透雕镶板。窗饰喜用彩色玻璃镶嵌，色彩以蓝、深红、紫色为主，达到 12 色综合应用，斑斓富丽精巧迷幻。哥特式的彩色玻璃窗饰是非常著名的，家庭装修在吊顶上可局部采用，有着梦幻般的装饰意境。法国的天主教大教堂巴黎圣母院就是哥特式建筑的代表之作。（图 7-7）

五、伊斯兰风格

伊斯兰风格的特征是东、西方合璧，室内色彩跳跃、对比、华丽，其表面装饰突出粉画，彩色玻璃面砖镶嵌，门窗用雕花、透雕的板材作栏板，还常用石膏浮雕作装饰。砖工艺的石钟乳体是伊斯兰风格最具特色的手法。彩色玻璃马赛克镶嵌，常用于玄关或隔断上。（图 7-8、图 7-9）

图 7-9 伊斯兰柱式

图 7-7 哥特式教堂内部　　　　　　图 7-8 伊斯兰建筑室内精美的装饰

六、意大利文艺复兴风格

意大利文艺复兴风格建筑一反哥特式尖券形式，推崇圆形与方形的形体结合，充分发挥柱式体系优势，将柱式与穹隆、拱门、墙界面有机地结合。轻快的敞廊、优美的拱券、笔直的线脚，以及运用透视法，将建筑、雕塑、绘画融于一室，使其具有强烈的透视感和雕塑感，创造出既具有古希腊典雅的优美又具有古罗马的豪华壮丽景象，体现出更接近人的个性解放以及人文主义思想的朴素、明朗、和谐的新室内风格。（图 7-10）

七、巴洛克风格

巴洛克风格是 17～18 世纪在意大利文艺复兴建筑基础上发展起来的一种建筑和装饰风格。其特点是外形自由，追求动态，喜好富丽的装饰和雕刻、强烈的色彩，常用穿插的曲面和椭圆形空间。巴洛克一词的原意是奇异古怪，古典主义者用它来称呼这种被认为是离经叛道的建筑风格。这种风格反对僵化的古典形式，追求自由奔放的格调，表达世俗情趣。巴洛克风格的主要特色是强调力度、变化和动感，强调建筑绘画与雕塑以及室内环境等的综合性，突出夸张、浪漫、激情和非理性、幻觉、幻想的特点。打破均衡，平面多变，强调层次和深度。使用各色大理石、宝石、青铜、金等装饰华丽、壮观，突破了文艺复兴古典主义的一些程式、原则。（图 7-11）

八、洛可可风格

洛可可风格的特点是：室内用明快的色彩和纤巧的装饰，家具也非常精致而偏于烦琐，不像巴洛克风格那样色彩强烈，装饰轻盈、华丽、精致、细腻。频繁地使用形态方向多变的如"C""S"或涡券形曲线、弧线，并常用大镜面作装饰。大量运用花环、花束、弓箭及贝壳图案纹样。善用金色和象牙白，色彩明快、柔和、清淡却豪华富丽。室内装修造型优雅，制作工艺、结构、线条具有婉转、柔和等特点，以创造轻松、明朗、亲切的空间环境。室内墙面粉刷，爱用嫩绿、粉红、玫瑰红等鲜艳的浅色调，线脚大多用金色。室内护壁板有时用木板，有时做成精致的框格，框内四周有一圈花边，中间常衬以浅色东方织锦。（图 7-12）

图 7-10 佛罗伦萨圣母之花大教堂

图 7-11 巴洛克风格

图 7-12 洛可可风格

第三节　现代主义装饰设计风格与流派

一、新古典主义风格

新古典主义的设计风格，其实就是经过改良的古典主义风格。保留了材质、色彩的大致风格，可以很强烈地感受传统的历史痕迹与浑厚的文化底蕴，同时又摒弃了过于复杂的肌理和装饰，简化了线条。新古典主义尊重自然，追求真实，复兴古代的艺术形式，特别是古希腊、古罗马文明鼎盛期的作品格调，或庄严肃穆或典雅优美，但不照抄古典主义，区别于十六七世纪传统的古典主义。

新古典主义风格还将家具、石雕等带进了室内陈设和装饰之中，拉毛粉饰、大理石的运用，使室内装饰更讲究材质的变化和空间的整体性。家具的线形变直，不再是圆曲的洛可可样式，装饰以青铜饰面，采用扇形、叶板、玫瑰花饰、人面狮身像等。

新古典主义有几方面特点需要注意：其一是门的造型设计，包括房间的门和各种柜门，既要突出凹凸感，又要有优美的弧线，两种造型相映成趣，风情万种。柱的设计也很有讲究，可以设计成典型的罗马柱造型，使整体空间具有更强烈的西方传统审美气息。壁炉是西方文化的典型载体，选择欧式风格家装时，可以设计一个真的壁炉，也可以设计一个壁炉造型，辅以灯光，营造西方式的生活情调。现在也可选择带有声光电效果的壁炉造型。

图 7-13 新古典主义风格

在欧式风格的家居空间里，灯饰设计应选择具有西方风情的造型，房间可采用反射式灯光照明或局部灯光照明，置身其中，舒适、温馨的感觉袭人，好让那为尘嚣所困的心灵找到归宿。（图 7-13）

二、现代装饰艺术风格

现代装饰艺术将现代抽象艺术的创作思想及其成果引入室内装饰设计中，极力反对从古罗马到洛可可等一系列旧的传统样式，力求创造出适应工业时代精神，独具新意的简化装饰，设计简朴、通俗、清新，更接近人们的生活。其装饰特点由曲线和非对称线条构成，如花梗、花蕾、葡萄藤、昆虫翅膀以及自然界各种优美、波状的形体图案等，体现在墙面、栏杆、窗棂和家具等装饰上。线条有的柔美雅致，有的遒劲而富于节奏感，整个立体形式都与有条不紊的、有节奏的曲线融为一体。大量使用铁制构件，将玻璃、瓷砖等新工艺，以及铁艺制品、陶艺制品等综合运用于室内。注意室内外沟通，竭力给室内装饰艺术引入新意。

三、地中海风格

地中海风格独特的美学特点来自于其色彩的纯美和自然。在组合设计上注意空间搭配，充分利用每一寸空间，集装饰与应用于一体，在组合搭配上避免琐碎，显得大方、自然，散发出古老尊贵的田园气息和文化品位。在色彩运用上，常选择柔和高雅的浅色调，映射出它田园风格的本义。广义的地中海颜色不仅包括大海的蓝，更包括南意大利向日葵花的金黄，南法普罗旺斯薰衣草地里的蓝紫，北非沙漠岩石特有的红褐和土黄，希腊海滩上建筑的白。

地中海风格多用有着古老历史的拱形状玻璃与点状马赛克装饰，采用柔和的光线，加之原木的家具，用现代工艺呈现出别有情趣的乡土格调。（图 7-14、图 7-15、图 7-16）

图 7-14 地中海式风格

四、和式风格

和式风格采用木质结构，不尚装饰，简约简洁。其空间意识极强，形成"小、精、巧"的模式，利用檐、龛空间，创造特定的光影。明晰的线条，纯净的壁画，卷轴字画，极富文化内涵，室内宫灯悬挂，伞作造景，格调简朴高雅。和式风格另一特点是屋、院通透，人与自

图 7-15 希腊圣托里尼岛地中海式风光　　　图 7-16 南法普罗旺斯的薰衣草地

然统一，注重利用回廊、挑檐，使得回廊空间敞亮、自由。

和式室内的特征主要体现在以下几方面：室内多用推拉门扇分割空间，开闭自由方便，大量地使用木装修，如天花、隔断多为木质材料，地板多覆盖草编的席子，人们惯于在榻榻米上席地而坐，夜间则铺上寝具席地而卧。擅长表现室内饰材的质感与色泽的自然美，讲究结构之美。室内色彩素洁、淡雅，家具陈设洗练，造型简洁，带有东方传统家具的神韵。

五、乡土田园风格

现代人对阳光、空气和水等自然环境的强烈回归意识，以及对乡土的眷恋，将思乡之物、恋土之情倾泻到室内环境空间、界面处理、家具陈设以及各种装饰要素之中。主要分英式和法式两种田园风格。前者的特色在于华美的布艺以及纯手工的制作。碎花、条纹、苏格兰格，每一种布艺都乡土味道十足。家具材质多使用松木、椿木，制作以及雕刻全是纯手工的，十分讲究。后者的特色是家具的洗白处理及大胆的配色。家具的洗白处理能使家具呈现出古典美，而红、黄、蓝三色的配搭，则显露着土地肥沃的景象，而椅脚被简化的卷曲弧线及精美的纹饰也是法式优雅乡村生活的体现。

乡土田园风格中，大量木材、石材、竹器等自然材料以及自然符号得到应用。自然物、自然情趣的直接切入，室内环境的"原始化"、"返璞归真"的心态和氛围，体现了乡土风格的自然特征。（图 7-17）

六、风格派

风格派装饰是伴随着现代建筑中的功能主义及其机器美学理论应运而生的，以荷兰画家 P. 蒙德里安为其代表，主张把艺术从个人情感中解放出来。这个流派反对虚伪的装饰，强调形式服务于功能，追求室内空间开敞、内外通透，设计自由，不受承重墙限制，被称为流动的空间。

风格派认为最好的"艺术"是基本几何形象的组合和构图，强调"纯造型的表现"。建筑造型基本以纯净的几何形式：长方、正方、无色、无饰、直角、光滑的板料作墙身，立面不作分隔。室内的墙面、地面、天花板、家具、陈设，乃至灯具、器皿等，均以简洁的造型、光洁的质地、精细的工艺为主要特征。运用立体、平面、色彩三大构成原理，将简洁的几何形体、点、线、面、直、曲、折弯等数字造型模式，经过多种组合运用到设计之中，再赋予纯净的原色色彩，体现一种强烈的理性和象征，带有明显的主观精神。风格派满足了人们追求个性化的心理，受到年轻人追捧。（图 7-18）

七、白色派

白色派以"纽约5"为代表，他们的建筑作品以白色为主，具有一种超凡脱俗的气派。其设计思想深受风格派和柯布西耶的影响，对纯净的建筑空间、体量和阳光下的立体主义构图、光影变化十分偏爱。

白色派建筑的主要特点是：

1. 建筑形式纯净，局部处理干净利落、整体条理清楚。

2. 在规整的结构体系中，通过蒙太奇的虚实的凹凸安排，以活泼、跳跃、耐人寻味的姿态突出了空间的多变，赋予建筑以明显的雕塑风味；

3. 基地选择强调人工与天然的对比，一般不顺从地段，而是在建筑与环境强烈对比，互相补充、相得益彰之中寻求新的协调；

4. 注重功能分区，特别强调公共空间与私密空间的严格区分。

迈耶设计的道格拉斯住宅是白色派作品中较有代表性的一个。白色给人纯洁、文雅的感觉，能增加室内亮度，使人增加乐观感，让人产生美的联想。白色派的室内朴实无华，室内各界面以至家具等常以白色为基调，简洁明确。通常在大面积白色情况下，采用小面积其他色彩进行对比。而地面色彩不受白色限制。选用简洁精美和能够产生色彩对比的灯具、家具等陈设用品。设计师是综合考虑了室内活动着的人以及透过门窗可见的变化着的室外景物，由此，室内环境只是一种活动场所的"背景"，体现人和自然的充分融合在装饰造型和用色上不作过多渲染。（图7-19）

八、光亮派

光亮派也称银色派，设计中夸耀新型材料及现代加工工艺的精密细致及光亮效果。往往在室内大量采用镜面及平曲面玻璃、不锈钢、光滑的复合面板、磨光的花岗石和大理石等作为装饰面材，在室内环境的照明方面，常使用折射、反射等各类新型光源和灯具，在金属和镜面材料的烘托下，形成光彩照人、绚丽夺目的室内环境。（图7-20）

图 7-17 乡土田园风格

图 7-18 风格派装饰

图 7-19 白色派装饰

图 7-20 光亮派装饰

九、高技派

高技派亦称"重技派"。建筑造型风格上注意表现"高度工业技术"的设计倾向。高技派理论上极力宣扬机器美学和新技术的美感。主要表现在三个方面：

1. 提倡采用最新的材料——高强钢、硬铝、塑料和各种化学制品来制造体量轻、用料少，能够快速与灵活装配的建筑；强调系统设计和参数设计；主张采用与表现预制装配化标准构件。

2. 认为功能可变，结构不变。表现技术的合理性和空间的灵活性，既能适应多功能需要，又能达到机器美学效果。这类建筑的代表作首推巴黎蓬皮杜艺术与文化中心。（图 7-21）

3. 强调新时代的审美观应该考虑技术的决定因素，力求使高度工业技术接近人们习惯的生活方式和传统的美学观，使人们容易接受并产生愉悦。代表作品有由 SOM 设计的香港汇丰银行大楼，汉考克中心等。

十、解构主义

解构主义就是打破现有的单元化的秩序。解构主义热衷于肢解理论，打破横平竖直的稳定感、坚固感和秩序感，极度地采用扭曲错位和变形的手法，使建筑出现无序、突变、失稳、动感的特征。解构主义并不是设计上的无政府主义方式，或随心所欲的设计方法，而是具有重视内在结构因素和总体性考虑的高度技术化特点。它打破了正统的现代主义设计原则和形式，以新的面貌占据了未来的设计空间。解构主义的平面设计、产品设计使世人感到新奇，而建筑设计由于结构复杂，工程技术难度大难以成为普遍接受的风格。在很大程度上来讲，它依然是一种十分个人的、小范围的试验，具有很大的随机性、个人性。（图 7-22）

十一、超现实主义

超现实主义的设计力求营造一个超越现实的充满离奇梦幻的场景。通过别出心裁的设计，在有限的空间中制造一种无限的空间感觉，甚至追求太空感和未来主义倾向。设计手法大胆离奇，因而常有意想不到的效果。内部空间形式令人难以捉摸，运用浓重、强烈的色彩及五光十色、变幻莫测的灯光效果，安放造型奇特的家具和陈设品。（图 7-23、图 7-24）

图 7-21 法国蓬皮杜中心

图 7-22 毕尔巴鄂古根海姆博物馆

图 7-23 建设中的神圣家族教堂　　　　图 7-24 神圣家族教堂内部

第四节　现代主义建筑设计大师与现代主义

一、包豪斯学派与现代主义

格罗皮乌斯，世界著名建筑设计大师，设计教育理论家。现代建筑、现代设计教育和现代主义设计最重要的奠基人。他令 20 世纪的建筑设计挣脱了 19 世纪各种主义和流派的束缚，开始遵从科学的进步与民众的要求，并实现了大规模的工业化生产。

1925 年，德国著名建筑大师格罗皮乌斯在德国魏玛设立的"公立包豪斯学校"迁往德绍，4 月 1 日在德国德绍正式开学。包豪斯是德语 Bauhaus 的译音，由德语 Hausbau（房屋建筑）一词倒置而成。以包豪斯为基地，20 世纪 20 年代形成了现代建筑中的一个重要派别——现代主义建筑，主张适应现代大工业生产和生活需要，以讲求建筑功能、技术和经济效益为特征。包豪斯一词又指这个学派。

包豪斯建立了自己的艺术设计教育体系——包豪斯体系。这个体系的主要特征是：

1. 设计中强调自由创造，反对模仿因袭、墨守成规；

2. 将手工艺同机器生产结合起来；

3. 强调各类艺术之间的交流融合；

4. 学生既有动手能力，又有理论素养；

5. 将学校教育同社会生产挂钩。

格罗皮乌斯在此期间设计的包豪斯校舍被誉为现代建筑设计史上的里程碑。这座"里程碑"包括教室、礼堂、饭堂、车间等，具有多种实实在在的使用功用，楼内的一间间房屋面向走廊，走廊面向阳光用玻璃覆盖环绕。格罗皮乌斯让包豪斯的校舍呈现为普普通通的四方形，尽情体现着建筑结构和建筑材料本身质感的优美和力度，令世人看到了 20 世纪建筑直线条的明朗和新材料的庄重。特别是建筑的外层面，不用墙体而用玻璃，这一创举为后来的现代建筑所广泛采用。（图 7-25）

现代化建筑的出现意味着人类思想与精神的一次解放。正像格罗皮乌斯在国立建筑艺术学校成立的那一天所说的："让我们建造一幢将建筑、雕刻和绘画融为一体的、新的未来殿堂，并用千百万艺术工作者的双手将它矗立在高高的云端下，变成一种新信念的标志。"

包豪斯是现代工业设计史、现代建筑史、现代艺术史上的一个重要里程碑，是艺术设计作为一门学科确立的标志，是现代设计的摇篮。虽然包豪斯在世界上仅存在了 15 年，但是它简洁实用的设计理念已经产生了广泛而深远的影响，因为这种理念来源于对科学进步与民众需要的尊重。

1958 年，纽约西格拉姆大厦落成，它是世界上第一幢玻璃幕墙建筑，是包豪斯那位带领学生流亡的校长密斯设计的，密斯发扬了包豪斯的精神，让简单的四方形成立体后拔地而起，直向云端。从此，现代城市出现了高楼林立的景象，这种景象接着又成为一座城市国际化的标志。（图 7-26）

离开了包豪斯的格罗皮乌斯先是去了英国，1934 年加入英国国籍，依然从事建筑工业化的研究。1937 年，格罗皮乌斯接受了美国哈佛大学的聘请，担任哈佛建筑研究院教授，同年，他加入美国国籍，次年出任研究院院长，1969 年在美国去世。

图 7-25 包豪斯的校舍

图 7-26 密斯设计的纽约西格拉姆大厦

二、勒·柯布西埃与现代主义设计

勒·柯布西埃，现代主义设计思想理论的奠基者，建筑设计大师，被称为"现代主义之父"。他早年学习雕刻艺术，第一次世界大战前曾在巴黎 A. 佩雷和柏林 P. 贝伦斯处工作，1917 年移居法国，1930 年加入法国国籍。1928 年他与 W. 格罗皮乌斯、密斯·范·德·罗组织了国际现代建筑协会。1965 年 8 月 27日在美国里维埃拉逝世。在他诞辰一百周年的时候，联合国以他的名义将这一年定名为国际住房年，以表彰他的卓越贡献。

勒·柯布西埃曾创办《新青年》，并根据杂志上的文章整理成《走向新建筑》一书，成为现代主义建筑的主要理论支撑。1928 年，勒·柯布西埃设计的萨伏伊别墅，从实践上给予新建筑一个更大的鼓舞，成为他早期探索新建筑的代表作品之一。

　　萨伏伊别墅宅基为矩形，长约22.5米，宽为20米，共三层。与以往的欧洲住宅不同的是轮廓简单，像一个白色的方盒子被细柱支起。水平长窗，外墙光洁，无任何装饰，光影变化丰富。内部空间复杂，如同一个精巧镂空的几何体。采用了钢筋混凝土框架结构，空间相互穿插，内外彼此贯通，装修简洁，与造型沉重、装修烦琐的古典豪宅形成了强烈对比。（图7-27）

　　勒·柯布西埃强调建筑要随时代而发展，现代建筑应同工业化社会相适应。他强调建筑师要研究和解决建筑的实用功能和经济问题，主张积极采用新材料、新结构，在建筑设计中发挥新材料、新结构的特性；主张坚决摆脱过时的建筑样式的束缚，放手创造新的建筑风格；主张发展新的建筑美学，创造建筑新风格。他研究了模数制、标准化、批量生产等问题，提倡由内到外的功能理性的设计方法，进而概括出了功能主义建筑的一致性特征：平屋顶、无装饰化墙面、抽象的几何造型组合、规范化、标准化的构建等等。他提倡一种以机器美学为基础的造型艺术，并将其发展为现代建筑的基本原则。

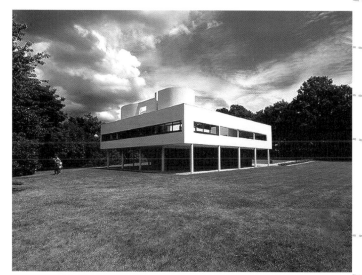

图 7-27 萨伏伊别墅

　　勒·柯布西埃创造出模数制，成为一种标准的尺度范本。他从人体尺度出发，选定下垂手臂、脐、头顶、上伸手臂四个部位为控制点，与地面距离分别为86cm、113cm、183cm、226cm。这些数值之间存在着两种关系：一是黄金比率关系；另一个是上伸手臂高恰为脐高的两倍，即226cm和113cm。利用这两个数值为基准，插入其他相应数值，形成两套级数，前者称"红尺"，后者称"蓝尺"。将红、蓝尺重合，作为横纵向坐标，其相交形成的许多大小不同的正方形和长方形称为模度。（图7-28）

　　勒·柯布西埃的现代建筑思想：

　　1. 新建筑是新时代的建筑；

　　2. 工业化的建造方法；

　　3. 设计方法：由内而外，平面是设计的发动机，功能合适；运用基本形式和有比例的几何体，超脱个人情感，反对装饰；

　　4. 新建筑的五个特点：底层架空、屋顶花园、自由平面、带形长窗和自由立面；

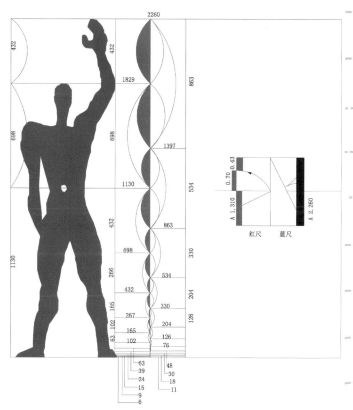

图 7-28 模数制

图 7-29 朗香教堂

图 7-30 流水别墅

5. 城市集中主义者，大城市是现代文明的象征；城市的四大功能：居住、工作、游憩和交通。

城市规划五要点：

（1）功能区分明确；

（2）市中心建高层，降低建筑密度，空出绿地；

（3）底层透空（解放地面，视线通透）；

（4）棋盘式道路，人车分流；

（5）建立小城镇式的居住单位。

朗香教堂是勒·柯布西埃在二次世界大战后的重要作品，代表了勒·柯布西埃创作风格的转变，对现代建筑的发展产生了重要影响，是现代建筑为数不多的经典建筑之一。朗香教堂勒规模不大，仅能容纳 200 余人，教堂前有一可容万人的场地，供宗教节日时来此朝拜的教徒使用。在这个教堂的设计中，勒·柯布西埃把重点放在建筑造型上和建筑形体给人的感受上。他摒弃了传统教堂的模式和现代建筑的一般手法，把它当作一件混凝土雕塑作品加以塑造。教堂造型奇异，平面不规则，墙体几乎全是弯曲的，有的还倾斜。塔楼式的祈祷室的外形像座粮仓，沉重的屋顶向上翻卷着，它与墙体之间留有一条 40 米高的带形空隙，粗糙的白色墙面上开着大大小小的方形或矩形的窗洞，上面嵌着彩色玻璃。入口在卷曲墙面与塔楼的交接的夹缝处，室内主要空间也不规则，墙面呈弧线形，光线透过屋顶与墙面之间的缝隙和镶着彩色玻璃的大大小小的窗洞投射下来，使室内产生了一种特殊的气氛。至此，勒·柯布西埃的创作风格脱离了理性主义，转到了浪漫主义和神秘主义。（图 7-29）

勒·柯布西埃一直是人们心目中最伟大的建筑师。他的作品无论是建筑设计还是家具设计都非常现代、摩登。柯布总能倡导时尚又能及时发现它的弊端，通过否定过去的甚至是自己而获得前进。然而他前卫的建筑理念经常不被人理解，因而他一生总是受到非难和嘲弄。柯布西埃具有多样的才华——建筑师、画家、雕塑家和不为人知的诗人，但他为之奋斗终生的只是他的建筑。

三、F.L. 赖特和他的流水别墅

流水别墅号称"别墅之王"，是美国建筑大师 F.L. 赖特的代表作，美国国家重点文物，也是 20 世纪建筑的压卷作品之一。流水别墅位于美国宾夕法尼亚州匹兹堡市郊区的熊溪河畔，建筑师将别墅建在地形复杂、溪水跌落形成的小瀑布之上。（图 7-30）

有人将流水别墅的特色形象地概括为"瀑布上的经典"。这座赖特为德国移民考夫曼设计的郊外别墅，

房屋不大，建筑面积仅 400 平方米，位于一片风景优美的山林之中，建在地形复杂、溪水跌落形成的小瀑布之上。在瀑布上建房子突破常识，赖特利用钢筋混凝土的悬挑力，让整个别墅伸出于溪流和小瀑布的上方。

从流水别墅的外观可以看到那些水平伸展的桥、便道、车道、阳台及棚架，沿着各自的伸展轴向，越过峡谷而向周围凸伸。悬挑的楼板锚固在后面的石墙和自然山石中。主要的一层几乎是一个完整的大房间，通过空间处理而形成相互流通的各种从属空间，并且有小梯与下面的水池相连。起居室是由四根支柱所支撑，中心部分是以略高的天花板和中央照明来突出其空间领域，同那些朝向露台户外开放的空间，一起越过峡谷，空间之流动感浑然一体。另外，流水别墅的陈设的选择、家具样式的设计与布置也是匠心独具，使内部空间更加精致与完美。

在材料的使用上，流水别墅也是非常具有象征性的。所有的支柱，都是粗犷的岩石。石的水平性与支柱的垂直性，产生一种鲜明的对抗。由起居室通到下方溪流的楼梯，关联着建筑与大地，是内、外部空间的关键，使人们禁不住地一再流连其间。

建在瀑布上的别墅，不是赖特为了哗众取宠，而是居住本身的乐趣。流水别墅的四时变化已然妙不可言，自身建筑更是疏密有致，有实有虚，与山石、林木、水流紧密交融。这种对居住的追求或者可用中国的"天人合一"来概括。

与流水别墅同时期建造的还有约翰逊制蜡公司的办公楼。赖特开始使用曲线要素。室内是林立的细柱，中心是空的，由下而上逐渐增粗，在顶部以阔而薄的圆板为柱头结束。许多这样的柱子排列在一起，圆板之间的空档被用玻璃覆盖，形成带天窗的屋顶。这座建筑结构特别，形象新奇，仿佛是未来世界的建筑。约翰逊办公楼是对日益扩张长方形国际风格的一种挑战。赖特把自己的作品称为有机建筑。赖特的这种有机理论及与环境相联系的动态空间概念，为现代主义设计建筑与室内设计谱写了不朽的篇章。

四、建筑大师贝聿铭的现代主义建筑设计

贝聿铭作为 20 世纪世界最成功的建筑师之一，设计了大量的划时代建筑。作为最后一个现代主义建筑"大师"，他被人描述成为一个注重于抽象形式的建筑师。他喜好的材料包括石材、混凝土、玻璃和钢。

贝聿铭的很多设计理念多多少少受到他血液中的东方气质的影响。1917 年他出生在一个富有的中国家庭。早年贝聿铭在香港度过了童年，又在上海度过了他的中学时代。1935 年他被父亲送往美国宾州大学攻读建筑，后来转学到麻省理工学院。贝氏埋首于图书馆，努力吸收欧洲近代建筑相关的资讯，勒·柯布西埃的作品是他最醉心的，日后贝氏作品所呈现的雕塑性，就是深受勒·柯布西埃的影响。贝氏于 1939 年毕业，1955 年在美国创办贝聿铭建筑师事务所，1990 年退休。

贝氏早期的作品中有密斯的影子，不过他不像密斯以玻璃为主要建材，贝氏采用混凝土，如纽约富兰克林国家银行、镇心广场住宅区、夏威夷东西文化中心。到了中期，历练累积了多年的经验，贝氏充分掌握了混凝土的性质，作品趋向于勒·柯布西埃式的雕塑感，其中全国大气研究中心、达拉斯市政厅等皆属经典之作。贝氏摆脱密斯风格当属肯尼迪纪念图书馆，几何形的平面取代规规矩矩的方盒子，蜕变出雕塑性的造型。

建筑融合自然的空间观念主导着贝氏一生的作品，如全国大气研究中心、伊弗森美术馆、狄莫伊艺术中心雕塑馆与康乃尔大学姜森美术馆等。这些作品的共同点是内庭，内庭将内外空间串联，使自然融于建筑。到晚期内庭依然是贝氏作品不可或缺的元素之一，在手法上更着重在自然光的投入，使内庭成为光庭，如香山饭店的常春厅，纽约阿孟科 IBM 公司的入口大厅，香港中国银行的中庭，纽约赛奈医院古根汉馆，巴黎卢浮宫的玻璃金字塔与比华利山庄创意艺人经济中心等。光与空间的结合，使得空间变化万端，"让

图 7-31 香港中银大厦

光线来做设计"是贝氏的名言。

贝聿铭认为："建筑是一种社会艺术的形式。" 所谓社会艺术，是指建筑与绘画、雕塑等门艺术的区别。贝聿铭又主张："建筑虽受科技的影响，但并非完全建立在科学技术之上，它还需要其他的条件。"

贝聿铭认为："空间与形式的关系是建筑艺术和建筑科学的本质。"因此，在他的任何设计中都不会放松协调、纯化、升华这种关系的努力。在设计时他对空间和形式常常都做多种探求，赋予它们既能适应其内容又不相互雷同的建筑风貌。

贝聿铭具有统观全局的设计思想，他说："建筑设计中有三点必须予以重视：首先是建筑与其环境的结合；其次是空间与形式的处理；第三是为使用者着想，解决好功能问题。……正是这一点，前辈大师们是不够重视的。"

香港中银大厦 (1982—1991) 是贝聿铭先生所有建筑作品中最高的一幢，1990 年 5 月落成后他就宣布退休，这幢建筑象征着贝氏事业的巅峰。贝聿铭所运用的是香港人能够理解的象征手法，设计灵感源于竹子的"节节高升"，象征着力量、生机、茁壮和锐意进取的精神，也寓意中国银行 (香港) 未来继续蓬勃发展。其建筑特点是将中国的传统建筑意念和现代的先进建筑科技结合起来。大厦由四个不同高度结晶体般的三角柱身组成，呈多面棱形，好比璀璨生辉的水晶体，在阳光照射下呈现出不同色彩。它的外表线条简单明了，平滑的浅墨色及略呈银白色反光玻璃墙幕，配以银白色平滑宽阔金属片镶嵌建筑物四边角位，各个面的中间并打上一个斜斜的银白色大十字，其反传统、反华丽、反烦琐，最具现代感，成为香港的新标志。

在北侧的休闲厅，透过玻璃天窗可以仰视到大厦的上部楼层，自中庭可以俯看到营业大厅，空间的流畅性在此表现得淋漓尽致。大厦东西两侧各有一个庭园，园中有流水、瀑布、奇石与树木、流水顺着地势潺潺而下。水在此具有双重意义，实质方面，水声可以消灭周围高架道路的交通噪音，另一方面水流生生不息，隐喻财源广进，象征为银行带来佳运。（图 7-31）

1988 年建成的卢浮宫扩建工程是世界著名建筑大师贝聿铭的重要作品。贝氏将扩建的部分放置在卢浮宫地下，避开了场地狭窄的困难和新旧建筑矛盾的冲突。扩建部分的入口放在卢浮宫的主要庭院的中央，这个入口设计成一个边长 35 米、高 21.6 米的玻璃金字塔。这是贝聿铭研究周围建筑物的心得，也再度证实了贝聿铭设计与环境的紧密关系。金字塔的底边长 35.4 米，底边与建筑物平行，亦即与方位平行，与埃及金字塔的布局相同，强化了与环境的关系。金字塔的体形简单突出，而全玻璃的墙体清明透亮，没有沉重拥塞之感。起初许多人反对这项方案，但金字塔建成之后获得广泛的赞许。玻璃金字塔周围是另一方正的大水池，水池转了 45 度，在西侧的三角形被取消，留出空地作为入口广场，以三个角对向建筑物，构成三个三角形的小水池，这三个紧邻金字塔的三角形水池池面如明镜般，在云淡天晴的时节，玻璃金字塔映照池中与环境相结合，又增加了建筑的另一向度而丰富了景观。在拿破仑广场，贝聿铭将建筑与景观完整地合成为一体，创造性地解决了把古老宫殿改造成现代化美术馆的一系列难题，取得极大成功，享誉世界。越来越多的人将它与埃菲尔铁塔一起视为巴黎的标志和象征。正如贝氏所称："它预示将来，从而使卢浮宫达到完美。"（图 7-32）

北京的香山饭店是贝氏在中国内地的开篇之作，其中西结合，古为今用的设计手法运用，给中国的建筑设计界带来无比的震撼，为他赢得极高声誉。2001年，年界85岁高龄的贝聿铭欣然接受了家乡苏州的邀请，主持设计了苏州博物馆新馆，堪称他的封笔之作。贝氏形象称呼为"我的小女儿"。"中而新、苏而新"，"不高不大不突出"是这座建筑的最大特点，它既在苏州古城以独特性、唯一性深深打上贝氏的烙印，又与周边传统民居浑然一体，突出了苏州丰富的艺术和文化传统，成为苏州新世纪最重要的文化标志之一。它将成为中国新建筑发展的一个里程碑。（图7-33）

贝聿铭身为现代主义建筑大师，四十余年来始终秉持现代建筑的传统，坚信建筑不是流行风尚，不可能时刻变招取宠，建筑是千秋大业，要对社会历史负责。他持续地对建筑的形式、空间、建材与技术进行研究探讨，使作品更具多样性，更优秀。他从不为自己的设计辩说，他认为建筑物本身就是最佳的宣言。

贝氏的建筑设计作品遍布世界各地，许多堪称20世纪最经典的建筑，为人们留下众多极为珍贵的标志性建筑。综合贝聿铭先生个人所获得的重要奖项包括：1979年美国建筑学会金奖，1981年法国建筑学金奖，1983年第五届普利兹克奖及里根总统颁予的自由奖等。

作业与要求：

简答题：

1. 简述中国传统文化对古建筑的影响。

2. 中国传统建筑在构造上有哪些特点？

3. 建筑装饰设计中欧陆风格是指哪些风格化的设计？

4. 建筑装饰设计的流派有哪些？

5. 我们要向大师学什么？

6. 简述你对现代主义设计的理解。

图 7-32 巴黎卢浮宫扩建工程

图 7-33 苏州博物馆新馆

第八章　装饰构造施工图实例

学习目标：

我们学习建筑装饰装修构造的目的非常明确，那就是理解基本的构造常识，掌握装饰构造施工工艺和技术，能根据具体的创意设计进行有关的装饰构造设计，明确施工方法。最终的结果是要求能够画出具备一定水平，符合制图规范的装饰装修施工图。

为使学生全面理解和掌握装饰构造设计的全过程，提高读图及审图能力，本章提供了多个实例。它可以视为一个个小型的设计方案，目的就把前面章节的内容用实例做一个完整的展示。学生通过学习，对建筑装饰构造及施工的理解更加系统化，能够理解材料和构造之间的关系，掌握装饰构造设计的全过程，加深对构造节点的论识和理解。最后要求学生能独立做一个完整的室内工程设计方案。假以时日我们可以先易后难，逐步掌握建筑装饰装修构造设计。

学习重点：

1. 装饰构造施工图的读图及审图，学习制图规范；
2. 理解装饰材料和构造施工方法，理解节点构造。

学习难点：

建筑装饰构造室内工程设计方案。

装饰构造施工图实例：

方案·

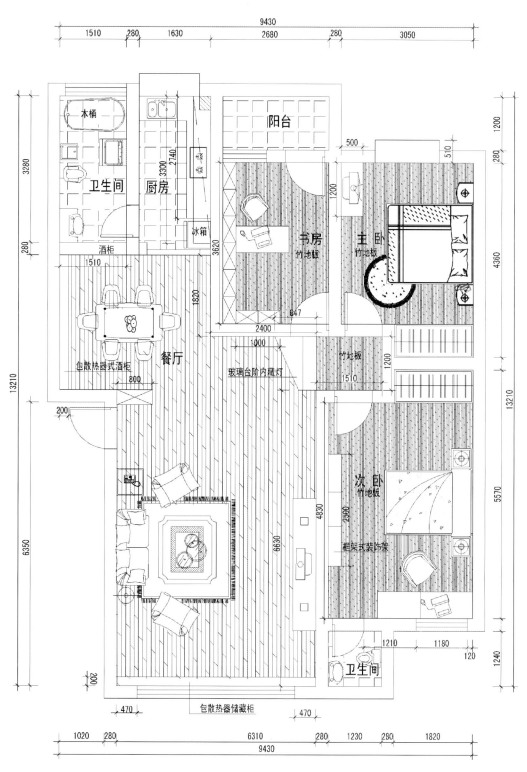

平面布置图

方案二

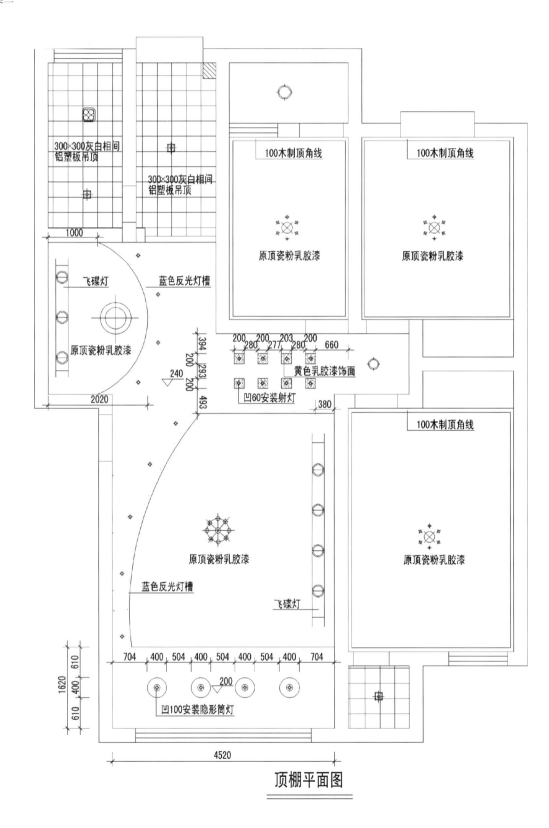

300×300灰白相间
铝塑板吊顶

300×300灰白相间
铝塑板吊顶

100木制顶角线

100木制顶角线

原顶瓷粉乳胶漆

原顶瓷粉乳胶漆

1000

飞碟灯　　　蓝色反光灯槽

原顶瓷粉乳胶漆

2020

394　200　200　203　200　660
280　277　280

黄色乳胶漆饰面

凹60安装射灯

240　293　200　493

380

100木制顶角线

原顶瓷粉乳胶漆

原顶瓷粉乳胶漆

蓝色反光灯槽

飞碟灯

1620　610　400　610

610　400　504　400　504　400　504　400　704
704

200

凹100安装隐形筒灯

4520

顶棚平面图

方案三

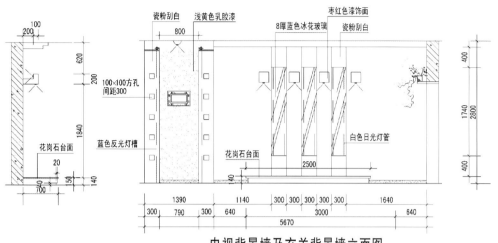

瓷粉刮白 　浅黄色乳胶漆　　　枣红色漆饰面
　　　　　　　　　　8厚蓝色冰花玻璃　瓷粉刮白

100×100方孔
间距300

蓝色反光灯槽
花岗石台面

花岗石台面
白色日光灯管

电视背景墙及玄关背景墙立面图

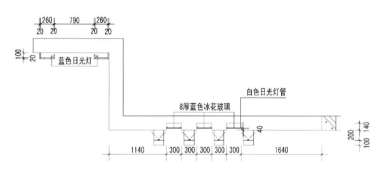

蓝色日光灯
8厚蓝色冰花玻璃　白色日光灯管

电视背景墙及玄关背景墙顶面图

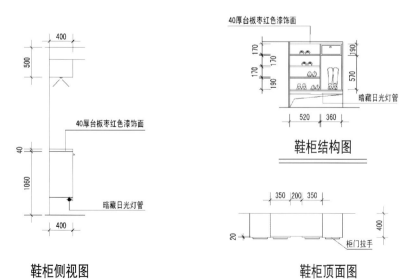

40厚台板枣红色漆饰面

暗藏日光灯管

鞋柜结构图

40厚台板枣红色漆饰面
暗藏日光灯管

鞋柜侧视图

柜门拉手

鞋柜顶面图

方案四

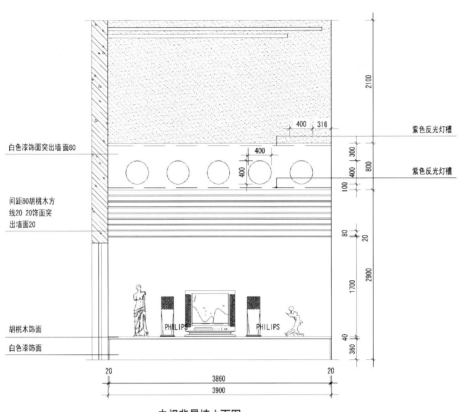

白色漆饰面突出墙面80

间距80胡桃木方
线20 20饰面突
出墙面20

胡桃木饰面

白色漆饰面

紫色反光灯槽

紫色反光灯槽

电视背景墙立面图

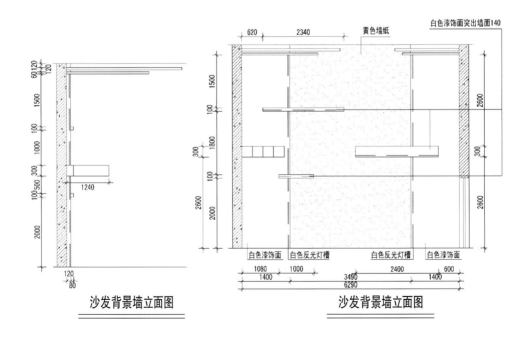

黄色墙纸

白色漆饰面突出墙面140

白色漆饰面　白色反光灯槽　白色反光灯槽　白色漆饰面

沙发背景墙立面图

沙发背景墙立面图

方案五

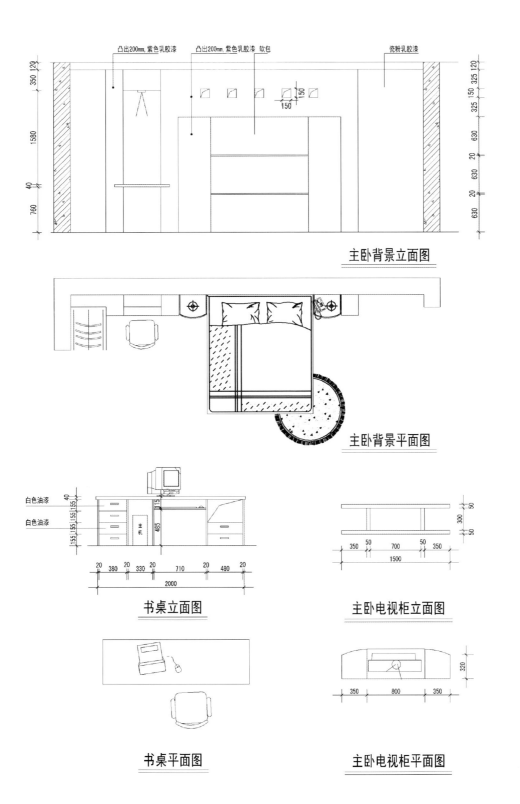

凸出200mm，紫色乳胶漆　凸出200mm，紫色乳胶漆　软包　　　瓷粉乳胶漆

主卧背景立面图

主卧背景平面图

白色油漆

白色油漆

书桌立面图

主卧电视柜立面图

书桌平面图

主卧电视柜平面图

方案六

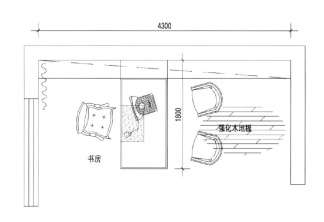

4300

1800

强化木地板

书房

书柜平面图

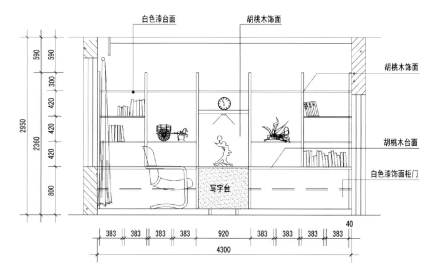

白色漆台面　　　　胡桃木饰面

胡桃木饰面

590　590
300
420
2950　2360
420
420
800

写字台

胡桃木台面

白色漆饰面柜门

383　383　383　383　920　383　383　383　383
40
4300

书柜立面图

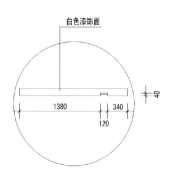

白色漆饰面

1380　340
120
40

门平面图

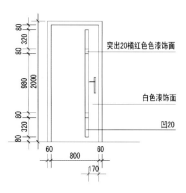

80
80　320
980　2000
80
80　320
80

突出20橘红色色漆饰面

白色漆饰面

凹20

60　800　60
170

门立面图

方案七

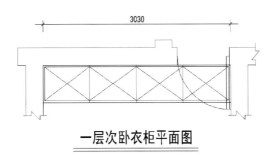

一层次卧衣柜平面图

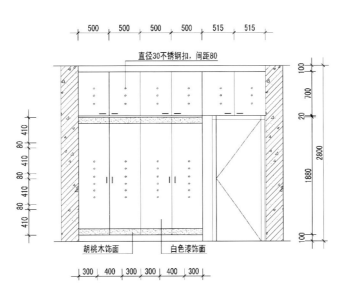

直径30不锈钢扣，间距80

胡桃木饰面　　白色漆饰面

一层次卧衣柜立面图

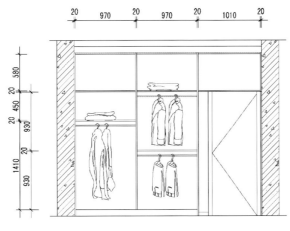

一层次卧衣柜结构图

方案八

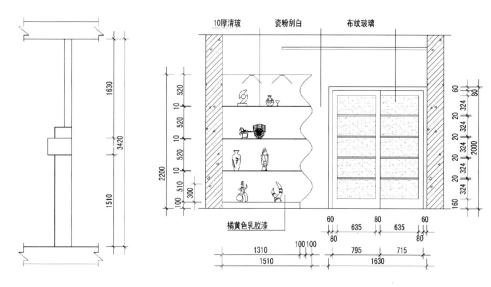

餐厅酒柜及横拉门平面图　　　　餐厅酒柜及横拉门立面图

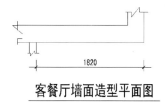

客餐厅墙面造型平面图

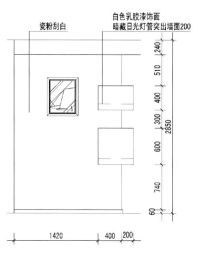

客餐厅墙面造型立面图一

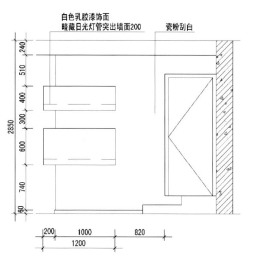

客餐厅墙面造型立面图二

方案九

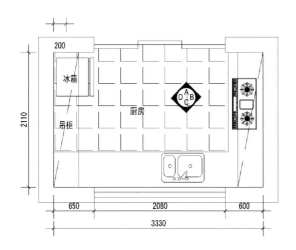

厨房平面图

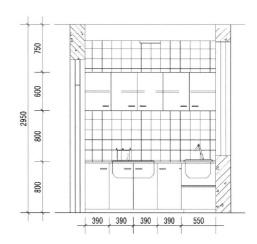

厨房A立面图

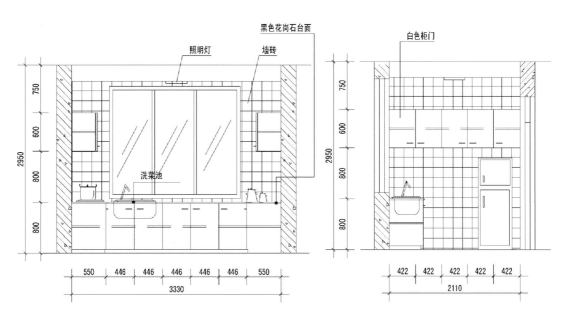

橱柜B立面图

橱柜C立面图

方案十

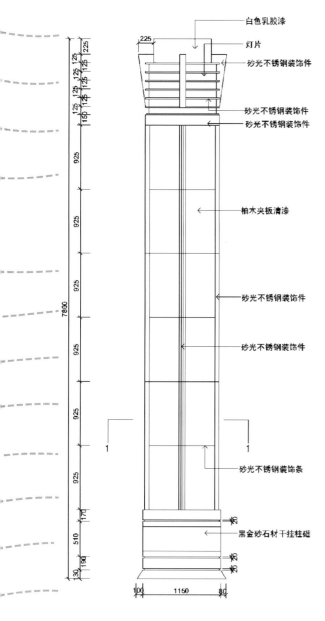

白色乳胶漆

灯片

砂光不锈钢装饰件

砂光不锈钢装饰件

砂光不锈钢装饰件

柚木夹板清漆

砂光不锈钢装饰件

砂光不锈钢装饰件

砂光不锈钢装饰条

黑金砂石材干挂柱础

立面图

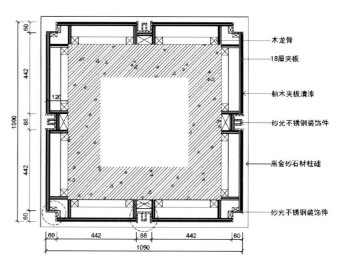

木龙骨

18厘夹板

柚木夹板清漆

砂光不锈钢装饰件

黑金砂石材柱础

砂光不锈钢装饰件

1-1 剖面图

木镶板包柱立面图

方案十一

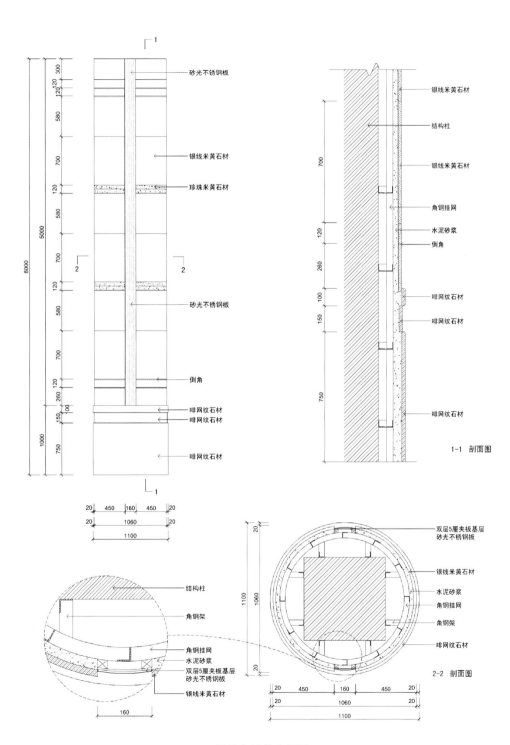

砂光不锈钢板

银线米黄石材

珍珠米黄石材

砂光不锈钢板

倒角

啡网纹石材

啡网纹石材

啡网纹石材

银线米黄石材

结构柱

银线米黄石材

角钢挂网

水泥砂浆

倒角

啡网纹石材

啡网纹石材

啡网纹石材

1-1　剖面图

结构柱

角钢架

角钢挂网

水泥砂浆

双层5厘夹板基层
砂光不锈钢板

银线米黄石材

双层5厘夹板基层
砂光不锈钢板

银线米黄石材

水泥砂浆

角钢挂网

角钢架

啡网纹石材

2-2　剖面图

石材包圆柱立面图

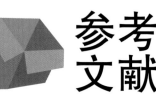

参考文献

李朝阳. 装饰材料与构造［M］. 合肥：安徽美术出版社，2006

周英材等. 建筑装饰构造［M］. 北京：科学出版社，2002

李蔚等. 建筑装饰与装修构造［M］. 北京：科学出版社，2006

蔡 红等. 建筑装饰与装修构造［M］. 北京：机械工业出版社，2007

徐如宁. 装饰材料与设计［M］. 上海：上海人民美术出版社，2008

高祥生. 装饰构造图集［M］. 南京：江苏科技出版社，2006

王萧等. 室内设计细部图集［M］. 北京：中国建筑工业出版社，2007

弗朗西斯·D.K.钦. 建筑：形式·空间和秩序［M］. 北京：中国建筑工业出版社，1989

戈顿装饰工程公司. 室内设计图集［M］. 南昌：江西科学技术出版社，2005

沈百禄. 建筑装饰 1000 问［M］. 北京：机械工业出版社，2008

胡丽娜. 精品家装设计图库［M］. 北京：中国电力出版社，2006